国家自然科学基金项目“生态城市空间结构研究”（41271184）
国家自然科学基金项目“中国城市宜居性理论与实践研究”（40671061）
国家社会科学基金项目“中外都市圈发展比较研究”（04BSH027）

英国生态城镇规划研究

董晓峰 ［英］尼克·斯威特（Nick Sweet） 杨保军
王冰冰 刘星光 赵文杰 高琪阳 编译

中国建筑工业出版社

图书在版编目（CIP）数据

英国生态城镇规划研究／董晓峰等编译．—北京：
中国建筑工业出版社，2016.11
ISBN 978-7-112-19938-9

Ⅰ．①英… Ⅱ．①董… Ⅲ．①生态型－城镇－城市
规划－研究－英国 Ⅳ．①TU984.561

中国版本图书馆CIP数据核字（2016）第236522号

英国生态城镇规划是国际该领域前沿开拓者，本书较系统反映英国生态城镇规划的理论方法发展与实践进展。全书共分三部分，第一章为入围英国第一批15个生态城镇规划优秀提案中3个典型规划案例的对比研究，第二章是英国科提肖生态城镇总体规划提案的翻译引介，第三章对英国第一座生态城镇——西北比斯特规划实践范例进行追踪引介。本著为中英两国生态城镇规划前沿研究专家领衔联合攻关的前沿成果。

UK is the pioneer and academic frontier in the field of eco-town planning. This book focused on the theories and empirical development of the British eco-town planning systematically. This book consists of three chapters. The first chapter compares three typical planning cases which are chosen from fifteen outstanding British eco-town planning proposals. The second chapter is the Chinese translation of the master plan of RAF Coltishall. The third chapter introduces the first eco-town in the UK which is North West Bicester. This book is a research frontier of the eco-town planning which is produced by the cooperation between Chinese and British experts.

责任编辑：黄 翊 张 明
责任校对：王宇枢 李美娜

英国生态城镇规划研究
董晓峰 ［英］尼克·斯威特（Nick Sweet） 杨保军
王冰冰 刘星光 赵文杰 高琪阳 编译
*
中国建筑工业出版社出版、发行（北京海淀三里河路9号）
各地新华书店、建筑书店经销
北京锋尚制版有限公司制版
北京中科印刷有限公司印刷
*
开本：787×1092毫米 1/16 印张：11¼ 字数：244千字
2017年1月第一版 2017年1月第一次印刷
定价：45.00元
ISBN 978-7-112-19938-9
（29402）

目 录

绪　论

1. 生态城镇建立于对工业化现代主义城市的深刻反思

反思、校正、再前进，是人类发展的必由之路，城市发展亦是如此，尤其需要对工业革命及其现代主义城市发展模式进行深刻反思和修正。

毫无疑问，工业革命是人类历史车轮前进的一个阶段，其关键是从蒸汽机发明开始的“机器时代”的到来。机械作业的兴起，在很广范围与很大程度上代替了人类的大量苦役与辛劳，显而易见，其在某种程度上解放了人类。但这种解放是有限的，因为它同时也“绑架”了人类，将人类与机器紧紧地捆绑在一起。其结果就是世界正在遭遇的四大危机——环境危机、能源危机、资源危机、人口危机。虽然在20世纪70～80年代可持续发展理念已经提出并获得共识，但问题的解决尚刚刚开启，进展还十分缓慢。

传统工业革命若是进步的，也只是“粗糙的发展”，建立在“物力”原理与地球资源的基础之上。然而资源是有限的，不能承受粗鲁地、机械地采掘，自然环境也无法容忍人类肆无忌惮的污染，传统工业革命以进步的名义带来了严重的破坏性。

以传统工业革命为基础的现代主义城市发展，追求运行的高速、建设的高度、规模的庞大，使人类家园面目全非，让以生命与人性为基础的人类文明走向异化。

著名地理学家李吉均院士曾讲道，现代技术可以将地球毁灭无数遍，不加节制地使用，其后果必然是破坏胜于建设。

生态城镇的理念正是建立在对传统工业革命与现代主义深刻反思的基础上。正如王如松院士在2002年翻译美国著名生态城市学家理查德·瑞吉斯特（Richard Register）的著作《生态城市》（Ecocities: Rebuilding Cities in Balance with Nature）时所言：这是一部反思工业化城市危机和弊端、憧憬人居环境建设的生态畅想曲。它揭示了工业化时代城市经济资产的积累是以对更大地域自然生态资产的掠夺为代价的实质。生态城镇的核心也正如《生态城市》一书的副标题——重建与自然平衡的城市。

人类社会正步入后工业革命的新时代——知识经济与信息时代，低冲击、微循环、微工程，是新建设的明智方向。人类再也不能粗鲁行事了，智慧文明的生态城模式应成为亡羊补牢的新行动。

2. 英国田园城市是生态城镇的发端

事物的发展是辩证的，也是有机互动的。每当面临挑战，人类总会积极探寻解决之道。人类是稚嫩的，也是务实、富有理想和聪慧的。

为应对工业化现代主义城镇发展模式造成的一系列问题，1971年联合国教科文组织发起了“人与生物圈计划”，“生态城镇”的概念首次被正式提出，而这并非生态城镇的发端。早在18世纪工业革命就在英国起步，城市化得到迅速推进，工厂林立，烟囱四起，城市人口剧增，设施严重不足，环境卫生条件恶化，传染病流行，工人居住条件低下。到了19世纪中叶，关于城市卫生与工人住房的立法得到了发展，如1843年英国政府通过了《公共卫生法案》。作为工业革命的发源地，英国较早认识到工业革命是把双刃剑，也不断积极应对。1898年埃比尼泽·霍华德（Ebenezer Howard）提出了“田园城市”——如今被公认为生态城的发端。由此可见，生态城镇的思想由来已久。

遗憾的是，过去甚至到目前，国际上相当一部分人误认为田园城市属于乌托邦之类的梦想，在实践中失败了。其实不然，英国最早的两座田园城市：莱契沃斯（Letchworth）与韦林（Welwyn）不仅成功建设，而且优势至今依然存在。也许正因为如此，英国在城镇化与城镇规划中担当了领跑者角色，还产生了城市村庄理论等模式，生态城也是关于城市健康发展思想的积累，其城镇规划发展的有关经验值得借鉴。不仅如此，英国城乡规划协会（TCPA）的前身也正是由霍华德于1899年组建的田园城市协会，一个新的开始必然根植于历史经验。

英国城乡规划界一度认为：所有的城市和镇，特别是现有的，在未来均应按照生态城的模式发展；应该接受和承认生态城的先进技术，并建议以每位市民的福祉为基本的需求。2011年9月，英国城乡规划协会提出了《创建21世纪田园城市构想》，作为英国生态城市发展的一个新提议，也意味着生态城镇与田园城市的再度融合。

不仅如此，巴顿-威尔莫国际公司（BARTON-WILLMORE）面对英国生态城的新挑战，受有关部门委托，提出了一个新提案——新田园城运动，即发扬田园城市的公私合作与有效组织推进的精神，使社区发展观念与生态城计划的技术有机结合，为未来的可持续发展创造出一个更为完善的策略。

3. 英国生态城镇规划试点与生态城镇政策探索

在21世纪初期国际城市可持续发展之路的探索中，英国城市规划界即提出通过生态城市规划落实城市可持续发展。较早密切相关的行动为2002年由环境发展组织和区域生态组织联合推出的Bedzed生态住区试点：为规模不大的纯住宅区的生态化建设试验，技术要求与“绿色建筑”相似，在社会服务对象上倡导高中低收入人群的混合居住，面向出售、租赁、公房的3种类型房屋各占1/3。

2005年，英国政府提出开展生态城镇（Eco-town）建设。2005～2009年为英国生态城镇试点第一阶段，是英国生态城镇提出、规划探索与政策形成阶段。

英国政府提出开展生态城镇建设最初的目的在于提高环境保护水平，实现零碳排放发展，倡导可持续发展生活方式与探索生态化先进经验。具体目标为建设规模为5000~20000户的住区，强调采纳新型规划设计、绿色交通方式与社会服务的配套建设，以促进居住和就业平衡发展。2007年，英国还发布了《住宅绿皮书》（Housing Green Paper）和《可持续住宅标准》（The Code for Sustainable Homes）。以上有关行动为英国生态城镇实质性推进做了良好的前期准备。

2007年7月，是英国生态城镇发展的关键时刻。首先，时任英国首相的布朗发布了《建设生态城镇宣言》；接着，英国政府社区与地方部发布了开展“10个生态城镇”试点建设的计划。

英国生态城镇试点规划与生态城镇政策推进简表 **表1**

年份	事件
2005年中期	英国政府初步提出开展生态城镇（Eco-town）规划建设
2007年7月	英国首相布朗发布《建设生态城镇宣言》，英国政府社区与地方政府部宣布开展生态规划建设试点
2008年4月	英国政府社区与地方部公布了第一批15个入围提名的生态城镇的名单
2008年6月	英国政府社区与地方部公布生态城镇理念及选址政策
2009年7月	新的生态城镇政策出台，包括生态城镇规划内容和生态城镇建设标准等
2009年7月	英国政府社区与地方部公布优选的4座“生态城镇”提案：诺福克的Rackheath、东汉普郡的Whitehill Bordon、牛津郡的西北比斯特（NW Bicester）与靠近康沃尔的China Clay Community，但仍将经历规划过程

为了解决住房等问题和促进地方发展，英国生态城镇提案一开始受到了地方的积极响应，共有57个生态城镇规划项目提交申请，通过规划提案竞争，使英国掀起了生态城镇规划探索的浪潮。这是英国生态城镇试点第一阶段取得的最突出成就。

按照相关程序和标准，经过评价工作，2008年4月英国政府公布了15个入围提名的生态城镇规划。本书第一部分正是从第一批入选提名的生态城镇规划中选出了我们参与规划研究的3个生态城镇规划，进行了较为系统的比较分析，结合生态城镇政策，探讨生态城镇规划的基本原理与主要技术，并总结出以本书研究所选案例为主的生态城市规划的理论方法与技术。

其规划特点概括如下：

①适应城市区域可持续发展的呼声，英国政府部门积极倡导，并制定计划和先进技术标准，采取优惠政策，甚至提供资金，促进生态城发展；

②在不同区域建立能够容纳1万~5万人口的自助生活社区——小规模城镇；

③全部选址于棕地区，强调废旧开发区域的复兴，保证国土资源的保护与可持续合理利

用，又注重区域城镇发展的有效联系；

④以区域满足住房需求和创造就业岗位为主要出发点，增强区域实力，促进区域繁荣发展；

⑤发展商业、科技、农业等生态经济；

⑥低碳与零碳发展，除低碳交通外一年中达到零碳排放，尽可能利用新能源，循环利用和节约水资源；

⑦因地制宜，注重优良生态环境保护与营造，保护生物多样化，保证40%的高绿地率，建设良好人居环境；

⑧构建步行系统与低碳公交系统，实现低碳和便捷出行，并建设良好的基础设施，支撑社区发展；

⑨全面发展社会服务保障系统，建设人性化社区，在就近服务范围内配套学校、公共建筑和零售商店；

⑩作为总体规划，突出战略定位、土地利用和支撑系统建设，全面嵌入系统的生态技术；

⑪核算有关指标，满足英国相关基本建设标准要求；吸收田园城市、新城与新都市主义等理论及实践的优点，集成相关先进技术；

⑫尊重市场化规律和土地私有化权益，重视参与规划，规划建设存在多方挑战；

⑬鼓励创新设计和可持续建筑设计，全面发展绿色建筑，使生活环境达到可持续发展高标准。

4. 英国生态城镇争议与生态城镇政策形成

对于英国这样城市规划管理先进发达国家，生态城同样是新生事物，新生事物的发展总是面临诸多挑战，英国生态城镇也是如此。2007年英国政府部门宣布了生态城镇计划后，本以为环保观念根深蒂固的英国人会欣然接受，却意想不到遇到了质疑、争论甚至反对。在生态城镇规划提案公众咨询过程中，其中一部分遭到地方居民的反对。

其主要原因在于：一是由于生态城镇建设能够解决住房短缺等问题，一些地方把面临选址等困难的住区建设方案进行生态化的技术包装后作为生态城镇提案，不是真正意义的生态城镇，政府也反对类似的行为；二是允许生态城镇在乡村地区甚至是受保护的绿带中进行选址建设，与热爱乡村、保护绿色空间、控制城市增长等英国过去一贯的环境保护的努力相互矛盾；三是英国地方政府为具体开发建设申请的审批主体，公众参与具有法定地位，而国家部门开展的生态城镇规划提案实施的具体审批权也在地方，包括既得利益者和乡村保护等民间团体的意见，因此英国政府虽然希望生态城镇计划有效推进，但也必须尊重地方的意愿与规划审批的法律地位程序。

在生态城镇规划、试点选拔与听取各界意见反馈后，为进一步规范生态城镇规划和建设，2009年7月英国政府颁布了《生态城镇的规划政策指引》（PPS:ET），这是英国生态城镇试点第一阶段的另一项重要成就。该政策主要内容如下：

①生态城镇中的零碳排放：除交通外均要达到零碳；②适应气候变化：将未来人类面对气候变化的脆弱性减少到最小；③住房建设：至少提供30%的可支付住房，住房要达到可持续住房标准四级以上；④就业：至少为每个家庭提供一个就业岗位；⑤交通：减少居民对私家车的依赖，每个家庭交通信息均实现实时更新，每个家庭距离交通站点均在步行10分钟路程以内；⑥健康生活方式：生态城镇的规划设计应支持健康、可持续的环境，并保证居民容易作出健康选择；⑦本地服务：商店和小学要满足每个家庭的需要；⑧绿色基础设施：每个生态城镇绿色空间至少要占40%；⑨景观与历史环境：充分考虑对当地景观与历史环境的影响；⑩生物多样性：保证当地的生物多样性；⑪水资源：提高水利用效能，改善现有水质；⑫洪水风险管理：生态城镇的选址、布局与建设应尽量减少与避免洪水危险；⑬废物与循环：生态城镇均应实现高循环率和废物重新利用；⑭总体规划；⑮转变过程：制定措施实施转变；⑯社区与管理：社区内住房种类和密度实现混合，而且居民都会被告知城镇所处的位置、来去线路，社区管理均采用新型模式。

结合《生态城镇的规划政策指引》的制定与发布，英国政府公布了新优选的4个生态城镇试点：诺福克的Rackheath、东汉普郡的Whitehill Bordon、牛津郡的NW Bicester（西北比斯特）与靠近康沃尔的China Clay Community。政府为每个城镇提供6000万英镑资金，支持基础设施建设。但这4个生态城镇规划的审批权与其他规划一样依然在地方政府，这也是规划推进与实施的关键所在。

5. 西北比斯特生态城镇规划——英国第一个生态城镇实践范例新发展

2010年6月英国政府换届竞选结束，由保守党和自由民主党联合组成了新一届执政政府。因缩减政府预算，生态城镇的补贴缩减了一半。按照地方层面规划审批进程，2012年中期，牛津郡的西北比斯特（North-west Bicester）生态城镇示范阶段性工作被地方议会批准，率先启动进入建设实践阶段，成为英国第一个生态城镇建设实践范例。具体发展进展如下：

西北比斯特生态城镇范例进程简表 表2

年份	事件
2010年11月	西北比斯特生态城镇项目的规划申请首次提交地方政府审批
2012年中期	西北比斯特生态城镇示范阶段性工作被批准
2013年11月	西北比斯特生态城镇总体规划的概要提出，并通过了地方议会的审议；确定为规划建设的工作导则

备注：2010年6月，由保守党和自由民主党联合组成了新一届英国执政政府；2011年9月，英国城乡规划协会提出《创建21世纪田园城市构想》。

为响应英国政府的倡导，当地议会提出将西北比斯特作为生态城镇来建设。于2009年6月由

Halcrow承担前期的启动性工作，划定Howes Lane和Lords Lane路以北的带状区域作为生态城的探索范围，提出该区的应急规划政策框架，并着手生态城镇总体规划。

随着规划政策声明（PPS1）的发布和西北比斯特作为潜在生态城地位的确认，A2Dominion提出了示范发展模式，包括393个新家庭、一个新的小学、社会和社区设施、就业和住房，并承担了这个示范模式的申请与总体规划同步编制工作。

2012年该示范阶段性工作得到批准后，A2Dominion继续推进工作。与此同时，地方议会委派White Young Green等专业团队开展了一个比斯特生态城镇的总体规划。2013年11月，该总体规划的概要由地方议会同意作为工作导则，其概要阐述了地方议会的宗旨、目标及相关事项，成为西北比斯特生态城镇规划深入开展的总则与行动纲领。

6. 西北比斯特生态城镇总体规划基本特征

西北比斯特生态城镇总体规划突出的特点可以概括为以下10点：

（1）具有依托大城市地区的区位优势与毗邻已有小城镇的良好发展基础，选址恰当巧妙

西北比斯特生态城镇选址不在大城市内部或大城市的边缘，而在大城市地区的中等城市牛津城的影响范围内。一方面，可以借助大城市区域与中等城市影响区域的区位优势取得良好发展；另一方面，能够为大中城市增添新活力，却不会对任何大中城市的蔓延发展产生压力。

鉴于西北比斯特生态城镇位于农村和城镇的中间地带，西北比斯特的总体规划依赖于与现有比斯特社区的成功联系，包括现有的农村地区、历史悠久的城镇中心、零售和商业区域以及现有的房产开发区域等，目的是将其打造成为一个拥有历史底蕴的区域。

具体选址毗邻已有小镇比斯特，其边界距离比斯特镇中心约1.5公里，距离附近其他各村庄大约0.5公里。当前比斯特镇拥有两条主街道，一条位于历史悠久的集市城镇中心，另一条位于堪称20世纪商业模板的“比斯特购物村”，具有购物城的名气与人气。

当前比斯特生态城镇选址地的用地以农田为主，未来发展不存在大量拆迁问题。虽然新城区与原旧城区之间安排了充足的绿色地带，但基本上还是结合旧城发展新型城区。同时注重新旧城镇系统及村庄的衔接，具有新田园城市特征。可以充分利用和依托原有小城镇发展新城镇，使新城镇在旧城镇边上生长起来，具有可持续发展基础，避免了造成鬼城的风险。

该规划与2011年9月英国城乡规划协会提出的《创建21世纪田园城市构想》行业导向关系密切，也反映了新一届英国政府的新倾向及其合理性。

（2）确定适度的发展规模，提出合理先进的目标与技术标准

西北比斯特生态城规划确定了合理规模，总用地规模为400公顷，建设提供6000户住宅、新的就业机会与拥有吸引力的服务设施，实现零碳排放。

具体目标指标共10多项，如确保生态城镇40%的土地为开放空间和绿化景观基础设施，实现所有建筑零碳排放的能源标准，确保住房建设至少达到可持续房屋标准第5等级和BREEAM优

秀标准，在可持续出行距离内为每个家庭提供一个就业机会，小学的位置确保在所有住宅的800米范围内等。

（3）构建完整的功能系统与功能区，发展充满活力的新型发展示范区

西北比斯特要建成由多个相互关联的功能区构成的综合区域，突出生活与工作功能、社会发展功能、居住与结合非机动交通的康体休闲功能等。功能区的基础，首先是保护与发展本地现有农场、公园、村庄、河流等乡村为主的功能区。

发展核心的生活与工作功能区。该总体规划充分考虑人们现在或者未来的生活方式和社会需求。社区设施是为了给西北比斯特居民和广大的城镇居民造福。总体规划为每户居民创造至少一份工作，其中4600份在西北比斯特本地，其余的则在可持续交通的通勤距离以内。发展混合就业的目标也包括高性能工程行业、其他知识密集型行业、物流、商业融资以及专业服务等。总体方案将激励比斯特经济的转型升级，并创造尽可能多的居家办公职位，更多的公司将以西北比斯特为平台开发不断增长的本地和区域需求的可持续建筑以及环保型产品和服务等。

改善与创建社会服务设施。需要改善的现有设施包括：图书馆、成人学院、日托、消防队、社区医院、特殊学校、博物馆、技能培训机构。将建立两个充满活力的、混合使用的本地中心，以补充现有的零售机构及服务中心。新建的本地中心旨在强化社区居民之间的联系，位置靠近现有和拟建的交通便利的住宅聚集区，以最大限度地提高人气和经济活力。将在本地中心附近建立小学，在铁路线南公交体育球场的中心绿地中建立中学，新建4座社区礼堂、4所幼儿园和1所医疗机构等。

发展一个适合居住的好地方。计划新建不同期限和户型的房屋多达6000套，以满足社区居民的住房需求。发展多样的混合类型住房，包括一居至五居室等多种户型，包含配套的一定数量的经济适用房与额外的关怀养老住房等。按进程有序推进住房建设，建造过渡性住房，满足项目开发期间社区居民的住房需求。提供的新建住房旨在满足终生社区的要求，以满足社区居民需求的变化。新建住房设计符合更绿色及可持续生活方式的需要。同时推进绿色景观与休闲空间及网络功能系统建设。

（4）充分建设绿色景观与休闲康体系统

按照西北比斯特总体规划，绿化空间将覆盖整个开发区域的40%，并将由公共和私人开放空间混合构成。保护栖息地的同时，注重强化区域的特异性并鼓励现有和未来居民进行户外运动。总体规划旨在达到如下标准：保护和改善栖息地环境并提供生物多样性比较高的区域为绿色基础设施，提供多功能景观元素使得绿色基础设施成为与现有农村环境相关联的主要基础设施，对开放空间内的现有河道进行开凿、修缮和整合开发，利用自然地势和现有景观特征，保持本地景观差异性，增加并保护现有农村景观。

保护现有的自然栖息地属性。几乎所有的现有灌木丛、林地和溪流都予以保留；新建的栖息地也将配备人工芦苇河床、沼泽和池塘，培育和改善物种的多样性；计划建立自然保护区。

为户外活动提供机会。景观设施和消遣空间位于社区中心地带，鼓励社区居民进行运动健身和体育锻炼。这些设施通过绿化走廊相连，为西北比斯特及周围社区的居民进行户外运动提供便捷通道。总体规划提议将正式休闲和体育运动的绿色空间合并成两块区域：除大型的运动场和体育场之外，包括自然保护区、社区农场、正式和非正式的公园、绿色健身馆和运动场地及10公里的绿环，还包括数量众多的社区菜园。

建设独特的景观。所有开发需与现有景观特征相协调，尽可能地保留它们的自然特性，即增强和保护现有的乡村景观。城镇和乡村绿色空间通过绿色廊道相互交合，同时为居民和野生动物提供有吸引力且可达的网络体系。区域内的步行道和自行车道相互衔接并与城镇和周边乡村相连，鼓励居民采取绿色出行方式，改善健康和生活质量。

（5）有机的空间结构和格局

西北比斯特生态城镇规划新建4个城镇空间和4个绿地空间，并通过交通路线与绿色景观廊道加强与东南部城镇、西北部乡村的有机结合。

新建4个城镇空间——林荫大道、典范主街、十字路口中心与广场。新建的社会基础设施包括本地商店、一个多宗教设施、商业中心、学校、社区中心、医院、公司等。西北比斯特生态城规划的主街道和城镇区域将成为集居住特性和某些商业社区用途为一体并营造功能平衡的可辨识区域的混合体。十字路口是比斯特西北部总体规划核心的关键点，是遍布铁路下方并贯穿布雷溪流的众多道路的门户。

开辟4块绿化空间——公园、村庄绿地、绿道以及绿化循环带。比斯特新老居民均可享受这些绿色基础设施带来的益处，其中包括自然保护区、公园、体育设施、菜园和果园、河堤小道、运动场、雨水花园、林地以及乡村公园等。新建的公园将作为比斯特现有城镇绿化空间的补充，并与绿道网络相连。

计划通过一系列绿化带和网状结构将乡村地区更多地纳入总体规划之中，并利用新学校的福利和设施、本地中心和基础设施为新开发提供便利。

通过减少Howes Lane地区屏障并新建一条林荫大道来促进南部和北部建立绿色联系，并与莎士比亚路、德莱顿街以及旺斯贝克路相连，构成乡村和城镇之间的过渡桥梁。

由新建步行道和自行车道组成的交通网络与现有道路网相连，构成一个完整的出行策略，为居民提供通往火车站、比斯特镇中心、比斯特村等地的安全、方便、快捷的道路。

（6）发展可持续发展的水系统

专门制定政策，以确保在整个开发过程中处理好水供给和废水处置等事宜，减少能源和水资源消耗，最大限度地减少污染风险，整合水资源再利用设施，规避洪涝风险。可持续排水系统由各种排水链条组件相互连接形成，诸如雨水回收、雨水花园、洼地、沼泽、储水池、池塘以及壕沟等，同时创建新的野生动物走廊和空间整合湿地、池塘与各种动植物群落，创造有价值的开放地带，同时改善当地的水环境。

西北比斯特生态城将提高水质量标准，尽可能地改善本地的水环境质量。重视水在景观建设中的关键作用，计划利用本地现有的自然水体系并开凿一批与之相连的水道改善绿色空间、绿色走廊、街道和其他空间。

（7）突出绿色能源策略，实现真正的零碳排放

西北比斯特的独特在于，通过本地装置实现真正的零碳排放。为了达到这个目标，西北比斯特能源战略遵守整合、清洁与绿色的能源等级原则。

通过绿色建筑技术整合，减少碳排放。采用一系列减少碳排放和增加对气候变化适应性的措施，如增加房屋绝缘性、使用高性能玻璃、增强气密性、减少热桥、被动式太阳方位取向和制冷、遮阳、使用自然光和自然通风等。使用“A级”节能家电、有效能源照明、自动控制和监测能源管理系统是促进和维持能源减少和碳排放策略的关键。

使用绿色清洁能源技术保证低碳和零碳排放。如发展太阳能发电、区域循环供热系统、生物化清洁能源中心，利用当地产生的能源，减少传输和分发过程中的能源损失，并利用更多的、联合的先进发电技术提供更有效的能源。

（8）发展绿色交通系统

西北比斯特生态城总体规划交通规划目标为以可持续的绿色交通方式替代汽车的使用，但前提是确保公路和道路进出口符合设计目标并与现有道路网相连。

绿色出行规划基于比斯特现有的基础设施及其公共交通、自行车道、公共骑马道、步行道和人行道，优先选择诸如步行、骑车、公共交通及其他的可持续出行方式，进而减少居民对私家车的依赖。

采取绿色道路规划策略、直接便捷的公交车网络、高规格安全舒适的步行和骑车交通环境条件、可持续的出行方式引导、生态交通宣传倡导等措施保证实施。

（9）走参与式规划路径和法定规划持续，汲取多方意见和建议

西北比斯特生态城镇规划严格按照英国规划组织和审批程序推进，持续广泛地开展了磋商和参与性工作，多家规划设计公司参加规划工作，吸纳了多方面的建设性建议，得到地方各界与公众参与支持。

通过举办教育活动和制定绿色出行规划安排，西北比斯特可为居民提供选择可持续发展生活方式的机会。

西北比斯特生态城镇总体规划成果充分吸纳了地方议会的相关提议，由地方议会决定城镇总体方向和负责相关的决策，体现了地方议会在城市规划审批过程中的权威地位。

相比其他生态城镇规划提议受到社会团体不同程度的反对甚至抗议而未能良好推进，西北比斯特生态城镇规划做到了参与规划、协商完善与协同实施的良好效果，体现出生态城镇的社会生态发展意愿。

（10）规划注重大系统的整合发展与系列先进技术的应用，展示可持续发展前景

规划注重按大系统整合规划各部分，而未以传统城市规划按条块分割的规划内容体系展开规划，应用和包含了一系列生态低碳技术途径，体现了生态城镇系统化整合发展的导向和要求。

西北比斯特项目旨在向全世界展示可持续发展的未来，让人们在高质量的住宅中过承受得起的、快乐和健康的生活，善用各种资源的同时也改善了自然环境。

通过首创高规格的可持续发展结构和低碳材料的应用吸引绿色产业，在整个城区内创造更多可持续发展产品和服务的需求，西北比斯特项目可谓是一个利在千秋的好项目。

从这些总结与本书的具体内容可知，西北比斯特生态城镇的规划与前期生态城镇的规划提案尚有较大差异，其中英国政治经济发生了较大的变化是重要原因。西北比斯特生态城镇的规划虽然是当前英国唯一被地方议会批准实施的生态城镇范例，但学术界对其新走向依然提出质疑，可见，英国生态城镇规划与发展也依然在路上。前期的生态城镇规划提案除了促进英国城镇政策形成以外，在规划技术方法上依然具有先导性与学习借鉴的价值，也为英国生态城镇创新发展与深入探索打下了坚实基础。因此，选择典型案例，对英国前后各阶段的生态城镇规划进行系统化比较分析，更有利于较全面反映英国生态城镇规划建设的进程、规划理论与技术方法。

第1章

英国三个生态城镇规划提案比较分析

1.1 英国生态城镇规划内容体系与总体特征

生态城镇规划是生态城镇建设的先导，英国生态城镇规划是全球的典范，笔者以巴顿·威尔莫公司完成的科提肖、中部昆顿、福特机场[1-3]三个英国生态城镇规划为主要研究对象，通过比较分析，总结其编制的思路、体系、重点及基本技术方法。

1.1.1 规划背景——英国“生态城镇计划”提案行动

1）“生态城镇计划”提案发展

英国“生态城镇计划”[4-6]是英国政府资助支持的一项新型城镇建设计划，旨在树立可持续标准的实践典范。2007年英国社区与地方政府部（Department for Communities and Local Goverment，DCLG）宣布开展主题为“10个生态城镇建设”的竞赛，这一提议得到了英国城乡规划协会的支持。

最初有多达57个生态城镇投标方案，大多是对已有住房计划的修改。2008年6月生态城镇理念与选址方案意见征询结束。2009年7月16日，《规划政策声明：生态城镇——规划政策声明的补充说明》（Planning Policy Statement: Eco-town—A supplyment to planning policy statement）声明公布，出台了生态城镇的建设标准。

2）生态城镇计划目标

生态城镇项目旨在实现可支付住房最大化与高标准的可持续发展，每个生态城镇均应提供30%～40%的可支付住房，以解决地方当前的住房需求。

其中最大的生态城镇将提供20000套住房，同时实现零碳发展，成为可持续发展的典范。新的环境友好城镇将达到能源低耗、碳中和，建筑均使用可循环利用的材料，营造无车、步行优先、自行车友好的城镇环境，同时城镇建设要达到英国城乡规划协会制定的发展标准。

3）生态城镇核心标准

生态城镇核心标准的提出经过了多次的咨询，由最初的5个方面最终发展为完善的标准系统，并在《规划政策声明》中公布，其主要方面包括：

①可支付住房：至少提供30%的可支付住房；②零碳：除交通外均要达到零碳；③绿色空间：每个生态城镇绿色空间至少要占40%；④废物与循环：生态城镇均应实现高循环率和废物重新利用；⑤住房建设：住房要达到可持续住房标准四级以上；⑥就业：至少为每个家庭提供一个就业岗位；⑦服务：商店和小学要满足每个家庭的需要；⑧改造：配套设施要提前建设；⑨公共交通：每个家庭交通信息均实现实时更新，每个家庭距离交通站点均在步行10分钟以内。⑩社区：社区内住房种类和密度实现混合，而且居民都会被告知城镇所处的位置、来去线路，社区管理均采用新型模式，此外还包括水、生物多样性等方面的标准。

4）生态城镇项目试点评选

英国生态城镇计划颁布后，先后有57个城镇完成了规划，提交了加入生态城镇项目的申请，专门的评选委员对57个方案进行了综合优选，从中选出了15个城镇作为生态城项目试点。

具体评选办法为：①根据方案与标准契合紧密程度分为很强、强、一般、弱四个等级，优选出33个方案；②根据其方案与地方规划的契合程度，分为优化、保留、仅列表三个类别，进行筛选；③评估方案的环境影响，分为5个等级，同时还对其提供住房是否可支付进行了评价，依据为房价与收入比，具体划分为5个等级：10以上、8.5～10、7～8.5、5.5～7、5.5以下。结合三种评价结果和地方政府、地区合作单位意见，共同推出了15个生态城镇选址。

2008年4月3日，生态城镇计划负责机构公布了评选结果，并征询公众意见。初选的十五个生态城镇如下所述：

①博尔登，汉普郡（Bordon, Hampshire）；②科提肖，诺福克郡（Coltishall, Norfolk）；③卡伯勒，斯塔福德郡（Curborough, Staffordshire）；④埃森汉姆，艾塞克斯郡（Elsenham, Essex）；⑤福特机场，西萨塞克斯郡（Ford, West Sussex）；⑥汉利农庄，剑桥郡（Hanley Grange, Cambridgeshire）；⑦英莫里斯，圣·阿斯泰尔，康沃尔（Imerys, near St Austell, Cornwall）；⑧利兹中心区，西约克郡（Leeds city region, West Yorkshire）；⑨孟比，林肯郡（Manby, Licodnshire）；⑩马斯顿河谷和新马斯顿，贝德福德郡（Marston Vale and New Marston, Befordshire）；⑪中部昆顿，沃里克郡（Middle Quinton, Warwickshire）；⑫彭布力，莱斯特郡（Pennbury, Leicestershire）；⑬罗兴顿，南约克郡（Rossington, South Yorkshire）；⑭拉什克利夫，诺丁汉郡（Rushcliffe, Nottinghamshire）；⑮西奥特莫，牛津郡（Weston Otmoor, Orfordshire），详见图1–1。

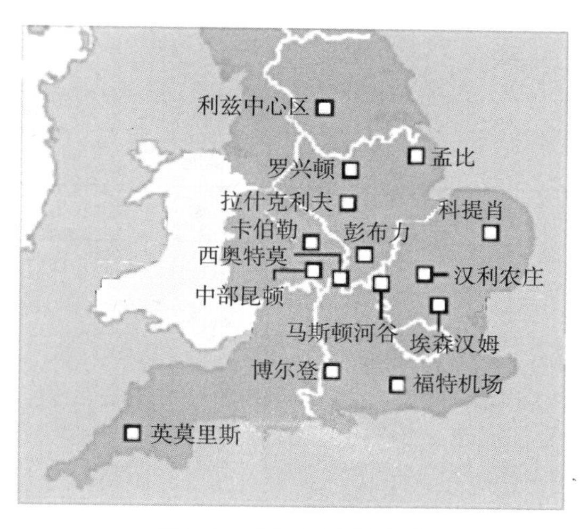

图1–1 15个生态城镇选址

1.1.2 本研究的典型案例基本条件概述

本篇选取科提肖（Cottishall）生态城规划、中部昆顿（Middle Quinton）生态城镇规划、福特机场（Ford）改建规划（图1–2）为研究对象，对其生态城镇规划的内容进行了概括性总结。

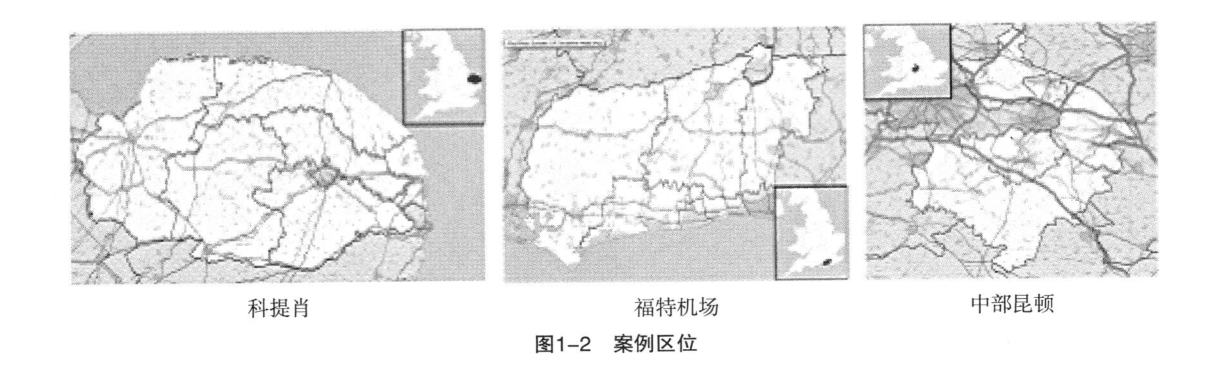

科提肖　　福特机场　　中部昆顿

图1–2　案例区位

三个案例都位于城乡结合部的闲置地或尚未开发的地域，为原有相邻城镇的发展留有较大的扩展空间。

科提肖地处东英格兰诺福克郡，位于诺维奇市东北方向约16公里处，原本是英国皇家空军基地，在第二次世界大战中扮演了重要角色，2006年被废弃后大部分土地被闲置。福特是西萨塞克斯郡的一个小村庄，处阿伦区（Arun）的民政教区内，距离阿伦德尔市西南3公里处，紧邻福特火车站，是一个三角地带，面积最大。中部昆顿的地名是由开发商“St. Modwen Properties”与“The Bird Group”协定提出，是Long Marston市附近的一个地段。该地一部分归“St. Modwen Properties”所有，其余部分归“The Bird Group”所有，目前为商业用地，其2/3归沃里克郡管辖，1/3归乌斯特郡管辖。中部昆顿生态城镇也是典型的棕地（闲置地），原本是英国国防部防御站，2004年被转让，具有较高发展潜力，有可能为城市提供大量住房。详见表1–1。

规划的选址与规模　　表1–1

规划案例	规划选址	规划面积	说明
科提肖生态城镇	位于诺维奇北部大约14公里	260公顷	基地内有311幢建筑物，包括飞机架和水塔等构筑物的单层建筑及1750柏油跑道
福特机场生态城镇	北距阿伦德尔约3.2公里，东距利特尔汉普顿约3.7公里，西南距博格诺里吉斯约6.4公里，西距奇切斯特15公里	368.68公顷	建设用地：108.36公顷 绿地：260.33公顷
中部昆顿生态城镇		258公顷	现有住房面积14.7公顷

总体而言，三个生态城镇的选址考虑到区域未来发展以及能为周围区域提供大量就业与住房的目标。在用地规模上，三个案例的共同特点是规模较小，福特机场改建规划368.68公顷，科提肖260公顷，中部昆顿258公顷，规模与我国小城镇相当。

1.1.3 三个案例规划内容体系

三个生态城镇规划内容结构见表1-2，总结可概括为四个方面：①基础分析；②战略总则；③专项规划；④规划保障。

总体规划内容 表1-2

规划名称	科提肖生态城镇规划	福特机场改建规划	中部昆顿生态城镇规划
内容结构	第一章 概况 （区域现况、近远期目标） 第二章：理想化状态 第三章：核心概念和战略（可持续的运输策略、减少气候变化策略、景观战略、生物多样性保护、可持续社区、国家就业最先进地区）	第一章：概况 第二章：背景和分析 第三章：参与 第四章：环境愿景 第五章：总体规划 第六章：详细设计方案 第七章：可持续基础设施策略 第八章：交付和管理	第一章：概况 第二章：区位优势分析 第三章：2020一天的生活（未来生活畅想） 第四章：城镇特色 第五章：可持续战略 第六章：城镇创建 第七章：总结

1）基础分析：规划背景、环境条件与愿景

概况：该章内容包括地理位置、规划范围、规划指标等，是对规划对象的概况介绍。科提肖生态城镇规划的概况具体有区域现状、规划目标、总体规划概况；福特机场改建规划，介绍了生态城镇规划建设的背景、区域现状、规划指标；中部昆顿生态城镇规划简要介绍了区域现状、规划指标。

区位优势分析：此部分内容主要介绍规划区域资源、交通、环境、基础设施特点及优势分析。

规划目标：据区位优势和现有条件的分析，对应生态城镇建设标准，详细确定生态城镇各要素及总体发展目标。

2）战略总则

本部分主要介绍规划原则、空间布局、发展战略与规划特色等内容，包括土地利用方式与规划面积、规划设计过程中遵循的主要原则以及如何在规划内容中体现这些内容。

科提肖生态城镇规划：欲建设一个生态居住区的典范，实现经济和社会的可持续发展，树立新型有远见的生活方式，将科提肖建设成为一个真实社区、混合用地中心、宜居美好地区与野生生物天堂，实施生态友好型开发；建设一个完全自持的城镇，核心区域为混合功能用地中心，提供5000套住宅。

福特机场改建规划：提供5000套住宅，满足不同群体需求（如首次购房户、可自理老人、家庭、特殊人群等）；新增4000个就业岗位，配置社区和社会设施；重点解决社区与环境间的融合，规划以环境影响最小化为准则。

中部昆顿生态城镇规划：提供6000套住宅（包括2000套经济适用房）、4500个就业岗位、能源中心、零售用地、社区用地及绿地空间。规划建立一个利于居住、工作、游憩的宽广空间环境。建设具备就业、能源中心、零售、社区用途以及绿色空间的生态城镇。规划促使城镇中心、车站广场、湖滨区域、配给村、森林边缘形成相互关联整体，同时保持各自特色。

3）专项规划

专项规划内容——核心策略与设计方案是规划的重点部分，包括规划目标、原则、专项规划与规划实施途径等。各规划的内容、重点虽然不同，但规划的主要内容和基本框架基本都包括能源、废弃物利用、水处理、交通、开放空间设计、建筑材料使用等方面。

科提肖生态城镇规划方案确定了5个目标：减少出行影响，减少气候变化的影响因素，创建崭新的诺福克湖区，建设新的生态聚居地，建设先进就业区。规划具体内容紧紧围绕5大目标进行，包括可持续交通规划、能源利用规划、景观规划、空间布局、社区规划等。

福特机场改建规划方案主要包括土地利用规划、绿色空间规划、可持续基础设施规划（包括能源利用规划、水资源利用与循环规划、交通规划、可持续住区规划）。

中部昆顿生态城镇规划方案包括内部交通规划、绿色基础设施规划、社区基础设施规划、对外交通规划、高品质客运枢纽规划、社区集合规划、职业发展规划、社区规划、可持续能源战略规划。

4）规划保障

本部分内容主要包括推进生态城镇规划顺利实施，加强管理和监督，促进生态城镇有序运营的建议或措施。

科提肖生态城镇规划引进可持续的水资源管理系统，以实现资源的节约与再利用，建立物质规划与社区管理间的协作体系。

福特机场改建规划通过专门成立基金管理委员会管理信托基金维持生态城镇运转；广泛征求社区居民、专业部门意见，定期举行社区论坛，提供交流和反馈平台。

中部昆顿生态城镇规划中城市管理采取全民参与，在当地居民、社区小组、有关企业和事业单位、就业者等团体中选举产生候选者，然后通过社区利益公司再进行遴选，组成管理团体，主要负责绿色基础设施和公共空间、社区交通、工作场所和社区空间、能源与废弃物循环再用、中部昆顿网站、社区营造细节等6方面的事务。

1.1.4 三个规划案例总体特点分析

1）内容系统，弹性表达

虽然三者均为生态城镇规划方案，但章节结构各不相同，相对自由。三个生态城镇规划虽在要素构成上不尽相同，但能源、交通、垃圾与废弃物、水处理、建筑材料等关键生态要素是其编制内容的共同基础和基本架构，并根据各自特点划归为相应章节，均对规划目标、规划要求、规划实施措施、规划组织方式等基本问题做了系统解答。

表达方式上，规划编制图文并茂，基本上规划内容没有一页是单纯的文字介绍，生动而丰富。同时形式贴近生活，例如中部昆顿生态城镇规划案例中就从个体2020年生活中的一天入手，来描绘规划的愿景，让读者都有切身体会。

2）高质量的目标，具体可行的途径

三个规划制定的目标均紧紧依托英国社区与地方政府部（DCLG）颁布的生态城镇标准：①住房方面，每个生态城镇中至少有30%的可支付住房；②交通方面，通过合理组合基础设施、混合用地类型以及社区内便捷的公共交通体系的设置，确保满足当地居民从公交站到家步行不超过10分钟；③建筑方面，对建材使用到废物回收、能源使用提出一系列要求，以达到英国可持续建筑要求。

3）公众参与广泛，规划协调多方利益

规划编制过程中集合各种有益建议，组织、听取、协调不同专业、不同部门、不同领域的意见。

福特机场生态城镇专门成立专职委员会，研究如何建设发展生态城，由区议会议员和独立策划顾问主持，通过街头宣传、区议会陈述、利益相关者会谈以及开展公用事业公司咨询活动等，针对咨询过程中出现的各种问题进行回复和解答。

4）核心主线突出，切实落实可持续性发展

可持续发展主要从能源利用、社区管理、环境管理等方面体现。科提肖生态城镇规划在能源获取、利用到再生循环，以及建筑内部环境、能源管理等充分考虑能源流失途径，利用先进技术获取，减少能源耗散量。规划中制定了环境管理系统，以解决规划建设活动中各个设计、施工、运营等阶段产生的环境问题，包括设计管理规划、建设管理规划、开发管理规划。福特机场改建规划将生态设计和资源有效利用的理念融入建筑的设计结构和用途以及绿地的设计和生态生产管理计划（环境管理计划）方面。中部昆顿生态城镇规划将可持续发展力管理作为规划重点之一，开展可持续发展力评价。总体规划实施在系统、完整的管理体系下进行，确保在细节设计、建设、决策和管理方面实现可持续发展基础。

1.1.5　三个案例专项规划的主要特征

本部分选取几个有代表性的内容进行研究和分析，其他内容不再赘述。

1）倡导低碳宜人的交通规划

三个规划充分体现出将居民出行需求作为规划研究的主要依据和基础，以最大化满足居民出行为目标，并为潜在出行提供可持续的交通模式，最大限度地减少私家车的使用。主要措施包括规划高品质的人行道、自行车专用道，规划高效率公交系统，实行公交优先，提供实时交通信息以及出行奖励，同时通过基础设施的优化整合减少出行影响。

根据社区与地方政府部门颁布的生态城镇建设标准，要求在生态城镇中所有行程至少有一半为步行、骑自行车或使用公共交通工具。中部昆顿和福特机场生态城镇的交通规划目标为实现不超过40%的车行需求。此外，邻里社区间密切联系且可达性较强，推行可达性和地方渗透性的交通策略，人的利益置于交通之上，将土地利用和交通相结合。

2）注重新能源利用规划

三个规划将城镇生产生活对气候变化的影响作为重要考虑因素，为减少规划区内二氧化碳产生量和减少生态足迹（Ecological Footprint）对环境影响，开发可再生能源满足城镇发展需要。推行热电联产，鼓励开发使用生物燃料、风能以及太阳能。废弃物减量和再利用也成为规划的重点，以减少能量流失和新的生产活动带来的浪费。

福特机场改建规划中明确了能源、水和废弃物综合利用的资源战略。为了制定能源战略内容，规划前期进行了一系列研究。首先评估能源利用对气候的影响，然后确定区域内能源需求及能源再生和供应措施，最后对规划的总体碳足迹进行了评估，以确保实现规划之初确定的二氧化碳减排目标。

3）因地制宜的景观与园林绿地系统设计

规划将自然融入城市，郊野要素作为规划设计考虑的主要因素，将原本成熟的树林、草地、规划的农田区域等融入城市景观中。规划中预留一部分公共绿地作为当地居民提供生产生活场所，在需求推动下创造一个更加可持续的发展格局，在城镇内部创建连接性的自然区域和开放空间网络[8]。

科提肖生态城镇规划主要通过创建绿色空间网络，营造丰富多样的景观风貌，构建生物多样性区域。规划在湿地保护方面进行了探索，实现开发与栖息地保护间的协调发展，创建人与生物和谐相处的聚居地，并划出100公顷建设新的湿地。景观与建筑形式相结合，维持人类和野生生物群的平衡互补。景观设计强调维护现有生态资源并加强与区域外野生生物廊道和栖息地之间的联系。

福特机场改建规划用湿地、公园、河渠和物种丰富的林地取代单一的农田景观，创建新的生物多样性地区。

中部昆顿生态城镇规划的绿化用地面积占到了规划总面积的40%。福特机场生态城镇规划实现90%的家庭拥有私人花园或户外用地，并呈网状连接。特征鲜明的绿色空间包括城镇公园、小型绿带等，将为当地居民提供大约150公顷的绿地，其中包括生物多样化的新的湿地、林地和公园，加之花园、林荫道，绿地面积将达到200公顷。

4）宜居的社区规划

社区区位选择应充分考虑减少交通流量和通勤距离。住宅建设充分考虑利用自然，通过房屋朝向的调节、树木遮阴、建筑内部能源资源收集与循环实现生态住宅目标。

在社区住宅建设方面，科提肖生态城镇规划将传统材料与最新房屋建筑科技相结合，运用计算机建模辅助设计，提供一系列形式的住宅组合，为居民提供良好的生活环境。规划住宅大小、类型和数量，充分考虑阿伦地区的流动人口和西萨塞克斯海岸等因素。

福特机场生态城镇提出三种新型社区类型，有序排列在城镇中心的东部、西部和南部，社区之间通过绿带和开放空间进行完美连接。

5）循环利用的水系统规划

规划认为水资源作为维持人类和生物生命、产业发展等最重要的资源，是生态城镇规划的重点考虑因素。福特机场生态城镇规划主要通过节水产品和居民自发行为减少水资源浪费，通过先进的节水和污水处理技术提高水循环利用效率。

科提肖生态镇规划利用湿地芦苇自然清洁雨水，通过洼地和自然排水渠道收集雨水，既提高系统功能又提高美学价值。排水、防洪等工程结合自然条件进行规划设计，这是生态城镇建设的重要内容和手法。

6）侧重就业的经济发展规划

规划充分利用生态城市优质绿化环境与和高质量生活环境，发挥区域潜力，为商业提供良好的发展环境，规划高质量科技园区吸引企业入驻，从而为居民提供就业。完善内部职位结构，充分考虑本地居民和外来人员对区域就业和居住环境的需求，实现生态城镇内部安居乐业目标。

科提肖生态城镇规划提供广泛的技术与非技术类工作岗位，满足不同的就业需求，建立商业孵化器，结合公园建设高标准企业和科技园。

福特机场生态城镇配套健全可靠的服务网络和产业循环体系，有利于促使当地居民及商业用户转变成外部环境和基础设施保护者和合作者。创造4000个工作岗位，集中在新的商业园和混合使用区（基于循环再造业）、商业和零售业、学校和粮食生产等区域。

通过以上对三个生态城镇规划文本的分析及英国生态城镇计划的历程追溯，笔者认为在我国生态城镇建设过程中应该注意四点：①生态城市建设是一项精细的工程，规模不宜过大，要达到模板的效果，规模过大在试验阶段是不合常规也是不合实际的，后续的生态城镇应该在试验的同时，结合已有案例不断完善，而不是成为其复制品。②生态城市建设应该由政府主导，政府应在软硬件各方面承担更多的责任，主导生态城市化进程，积极实践生态城市建设。③及时出台生态城市建设标准，引导各地生态城市建设。④生态城市规划成功与否，实践最重要，它的完善必须建立在“高效规划实施的评估检讨机制”的基础上，必须适时对规划实施情况进行跟踪、监评、检讨，并根据评估结果对规划进行调整或修正。

1.2 英国生态城镇就业与经济发展规划分析

1.2.1 英国相关规划建设背景与经验

英国生态城镇规划中不是直接讲经济发展，而是突出对于就业问题的解决，规划中的产业发展是以满足就业、提高就业率为目标。英国城镇就业整体向信息化、绿色化、科技化的服务业转移，为英国生态城镇建设中的就业提供了基础。英国绿色产业的迅猛发展使得绿色就业机会和队伍日益壮大，绿色产业领域涵盖生物燃料、电动汽车制造以及风力发电机安装等多方面，也包括传统产业低碳化、生态化改造。

1）提供就业保障，注重生态就业

英国通过就业投资基金、国家银行等提供低息贷款，为产业转型中的失业员工再就业创造环境。通过广泛部署环境咨询、环境监测、污染防治、园林、社区服务等服务业，为城市居民提供生态就业机会。[9]

为有意愿就业于绿色产业的工作人员提供培训经费。行业技术委员会制定新的实习框架与行业工人培训、再培训内容，以满足低碳行业的发展需求。通过政府部门与低碳行业的合作，制定新的绿色标准，培训新员工，并提高现有员工的技能。

2）促进产业转型发展，发展绿色经济

英国政府引导全国资源性城市转型发展，组建负责转型工作的政府部门，研究提出系统性解决方案，推动城市转型再造目标的实现。英国的住房与地方事务署将“就业、私人投资、住房保障、新的商业机会”等明确列为转型的工作目标。通过能源、汽车等高碳产业积极引入新技术并改造现有技术实现低碳化发展，同时大力发展分布于可再生能源领域、能源效率化与低碳化领域以及低碳型服务领域的低碳产业。[10]

鼓励风电等绿色能源产业、绿色制造业的发展。政府从政策和资金方面向低碳产业倾斜，确保在碳捕获与清洁煤领域的新技术研究。推广绿色技术，促进商用技术的研发推广。制定更高的标准，减少新产品的碳排放。

3）调整城市产业布局，促进特色产业发展

英国根据各地不同优势，发展各自特色产业，在其东北部突出绿色产业，在伦敦、曼彻斯特、格拉斯哥等城市巩固和扩展创意产业，在爱丁堡等城市加强金融服务业、精密机械制造和航空等产业发展。鼓励发展风险基金，推动银行向企业放贷。设立技术创新中心，将大学研究与企业生产联系起来，促进多方交流合作发展，提供创新发展与就业机会。[11]

4）改革福利政策，鼓励就业

英国有着良好的福利政策，为就业者提供一系列的配套服务，维护社会安定，保障中下层人民的基本生活需求，对安抚多民族、高失业率的城市贫民阶层有较好的效果。但在调动某些劳动者工作积极性方面的作用较弱，导致社会福利赤字衍生，国家财政支出逐年增大。[12]

为促进就业，英国调整实施社会福利改革法案，要求有工作能力的失业者必须进行求职登记，接受职业指导和培训，并同就业服务顾问签订求职协议，保证能够立即上岗工作，否则将停发失业保险金。实施稳定就业的管理政策，英国国民保险制度适用于包括灵活就业者在内的全体英国公民。[13]

英国通过解决就业问题而促进经济发展的模式，在生态城规划建设中得到了延续与发展。

1.2.2 三个典型生态城中的就业规划

1）科提肖生态城镇就业规划内容

（1）就业优势

随着整个国家范围内企业经营成本上升，大量企业将从市中心迁出。在这样的背景下，拥有宜人绿化与高品质生活环境的科提肖拥有巨大的潜力。通过建设商业与科技园区，将吸引一流公司到此落户，为该地区提供大量的就业机会。

（2）就业目标与就业机会选择

建设专用就业区，确保足够的就业用地，提供足够的就业机会，保证当地适龄居民的就业。提供广泛的技术和非技术工种，在公共用地建设高质量的商业和科技园区，鼓励自由职业与居家工作者发展包括餐饮和清洁部门在内的服务业，提供绿色工作岗位。

（3）就业战略

充分发挥居民潜能，为技术人员和非技术人员创造多种就业机会。提供完善的职位结构，不仅包括建筑类岗位，还包括教师、公园管理员、清洁工、医生、场地管理员、生态学者、保健员和维修工人等职位，并为建筑施工、湿地管理等工作岗位提供各种培训机会。

2）中部昆顿生态城镇就业规划内容

（1）就业优势

中部昆顿的地理位置优越，与周边城镇和村落之间有良好的联系，可以为附近的城镇、村庄提供就业机会、大型商店和便利设施。目前在中部昆顿就业人数超过700人，其中约66%的就业人员居住在距上班地16公里以内。

（2）就业目标

在各个部门创造4500多个新职位（包括居家工作），确保有一个广阔的就业基础支持城镇发展。实现为每户家庭提供一个工作岗位的目标，建设新的公共交通设施来满足居民的工作通勤需求。

（3）就业机会选择

依靠零售和休闲娱乐业等行业提供大量的就业机会。就业主要集中于镇中心与车站附近，镇中心主要提供零售业、社区工作、中小学、作坊、医疗中心以及图书馆等，车站区将提供诸如环保创新中心、商业空间和商业活动等就业机会。另外，社区中心容纳小规模的零售业、服务业、社区小学等。

（4）就业战略

通过向当地人提供多样化的工作及改进技术和激励机制，来鼓励人们在当地就业，最终实现居民本地就业率达到35%。表1–3、表1–4分别为非商业用途与商业用途工作岗位规划方案。

工作岗位规划方案（非商业用途） 表1–3

土地使用类型	规模	建筑面积（平方米）	就业密度（1/A平方米或1/B名学生）	工作岗位（个）
商品零售业	2.02公顷，位于市中心	13500	A=9.5	688
休闲娱乐	4.10公顷，位于火车站广场	6000	A=55	109
社区服务设施		9000	A=50	175
教育设施	1所中学、3所小学约3180名学生		B=12	265
废品回收与发电		40000	A=133	300
共计				1537

工作岗位规划方案（商业用途） 表1–4

土地使用类型	就业比重（%）	建筑面积（平方米）	就业密度（1/A平方米）	工作岗位（个）
办公室、科研	85	34000	A=20（平均值）	1717
轻工业	10	4000	A=34	118
仓储	5	2000	A=50	40
共计	100	40000		1875

由表中可见，商业用途各行业共提供1875个工作岗位，非商业用途各行业提供1537个工作岗位，家政服务业提供1312个工作岗位，共计4724个工作岗位。

另外，提供1300个居家工作机会，并减少通勤交通。通过提供网络宽带连接服务、家庭网络设施和灵活的室内布局，形成良好的家庭办公环境，鼓励在家就业，使居家就业水平达到20%，超过英国的平均水平（9%）和斯特拉特福德地区的平均水平（13%）。

3）福特机场生态城镇就业规划内容

（1）就业优势

阿伦地区所在的萨塞克斯海岸亚区（Sussex Coast），已被英格兰东南区议会和英格兰东南区发展署确定为经济发展再生与住房发展区域。阿伦地区委员会将阿伦地区确定为有重要潜力的就业场所。福特生态城建成后，通过社会、就业和交通联系，将成为阿伦地区充满活力的一部分。

（2）就业目标

通过在萨塞克斯海岸开发新的就业空间，提供大约4000个初级就业岗位，加上现有的1500个就业岗位，提供的就业岗位总数达到社区和地方政府关于每户至少有一个就业岗位的规定。居民通过步行、骑车或公共交通很容易到达工作地点。

（3）就业机会选择

当地现有的工业区（包括FordLane工业区、Rudford工业区、Gaugemaster工业区和福特机场工业区）为本区域就业提供了良好的条件，随着商业的发展，工业区将会为当地居民提供新的就业机会。具有潜在优势的房地产业更新与新空间发展结合，也将会提供大量工作机会。

（4）就业战略

尊重周边定居点的同时，发挥福特机场生态城镇的优势，推行本地化的就业解决模式。培养一个指向生态城镇市场利益的创新性商业社团，提高支持这一区域经济发展的热情，逐步使它的影响扩散至整个阿伦地区，特别是利特尔汉普顿（Littlehampton）和博格诺里吉斯（Bognor Regis）附近城镇。

在就业区域的中心提供场所作为新产业孵化器，提供场地给刚起步的、小型或中型的企业。短期内为新兴企业提供很多便利使其更好地发展，从而提供更多的就业机会。利用福特开放式监狱作为训练场所，帮助当地的劳动力提高技术水平，同时也能够为当地商业提供培训指导。

1.2.3 三个典型生态城镇就业规划特点比较

1）共性分析

（1）突出就业，以就业论经济

在规划标准等要求中，明确提出制定规划申请时要提出一个经济发展战略，注重解决本地就业问题，特别是内部就业问题。经济发展并不是以GDP为主要衡量标准，而是更侧重于就业问题的解决。

（2）信息时代新增加的就业选择

为适应信息时代的发展趋势，三个生态城规划中均鼓励与倡导利用现代信息技术的就业机会。例如，三个规划中鼓励利用现代互联网技术提供一定数量的居家工作机会，减少工作往返所产生的交通量。

（3）就业多样性选择

规划要求生态城建设中提供广泛的技术和非技术工种，为技术人员和非技术人员创造多种就业机会，涉及工业、科研、商品服务业、休闲娱乐、社区服务设施、教育等多个领域。规划要求生态城镇建设提供涵盖各种工作岗位的培训机会，提高居民的工作潜能。同时，鼓励与支持居家就业。

（4）鼓励绿色就业

生态城镇发展是一种机遇，可以也必须积极创造低碳生态有关技术与管理方面的就业。规划要求建设中提供诸如公园管理员、湿地专家、废弃物回收等绿色就业机会，促使就业岗位逐步趋于绿色，带动环保产业的崛起。

2）各自侧重

基于各地区不同就业优势，三个规划分别提出了不同的就业方式。科提肖生态城镇规划与中部昆顿生态城镇规划主要依靠商业与服务业增加就业机会，而福特机场改建规划中就业机会的增加要依托于已存在工业园区的发展。

科提肖生态城充分利用居民潜能，确保完善的职位结构，提供各类就业岗位，同时加强对居民进行就业岗位需求的培训。

中部昆顿生态城主要突出采用集中就业方式，就业地点主要分布于镇中心区与车站区，在镇中心发展零售服务业，在车站区发展休闲娱乐业。同时在社区分布零散零售业，既为居民提供生活方便，也提供就业机会。

福特机场改建规划中提出培养一个生态城市场利益的创新性商业社团，提高当地就业的类型来促进区域经济的发展，并逐步扩散到邻近区域。利用房地产更新与新空间的发展相结合来创造潜在的就业机会，利用废弃场所作为劳动力培训场地，提高劳动力的岗位技能。

1.2.4 生态城镇经济发展与就业规划的标准与要求

2009年英国颁布的《生态城镇规划政策》中对经济发展与就业规划的要求具体如下：

生态城镇内部应当实现混合的商务和居住功能，将不可持续的通勤出行保持在最低限度；各生态城镇必须在制定规划申请时提出一个经济发展战略，明确阐述如何解决本地的就业问题；在开发策略中要说明将采取哪些具体措施来促进生态城镇内部的就业岗位增加；保证每一个新的住宅与就业岗位有良好的可持续的公共交通的联系，能够很便利地通过步行、骑车或使用公共交通实现工作出行。

1.2.5 小结

其实，英国在早期的田园城市和新城建设中也十分注重就业和经济发展。比如，韦林田园城市有清洁性的生产企业、仓储物流业，医院、学校等单位也提供就业机会。当然郊区的都市农业也可以提供就业机会，不仅如此，目前的生态城镇规划中也十分强调城镇自养能力的发展，也就是具有一定的绿色蔬菜、粮食、水果等生产能力，同时，为城市提供观光农业、休闲与劳动锻炼的场所，这本身也有利于生态城镇环境质量的提高。

总之，虽然英国生态城镇规划中经济发展规划不突出，但就业与经济发展结合的规划内容占有重要地位，不可轻视。

1.3 英国生态城镇住宅建设分析

1.3.1 英国绿色住宅相关规划建设背景与经验

英国生态城镇住宅建设既是应对社会经济和能源问题所开拓的重要途径，也是该国保障性绿色住宅的发展和深化。英国绿色住房建设的基础主要包括两方面的内容：通过相关政策出台与保障措施的实施，建设保障性住房，满足居民对住房需求；采用绿色建筑建设技术建造绿色住宅，减少住宅碳排放，提供更舒适的居住环境。

1）突出保障性的住房政策

英国生态城镇建设中较为注重住宅问题的解决与住房保障，这也是英国城市发展中的重要方面。过去30年，英国住房需求增长，而住宅建设速度却在下降，供求不匹配；同时房价上涨，造成普通居民拥有住房越来越困难。英国政府试图从政策改革入手，制定有效的国家住房新政策和标准，为普通居民提供保障性住房，推动整个住宅建设产业的发展。[14-15]

在英国，保障性住房由地方政府负责修建，以低价出售或出租的方式提供给中低收入家庭；社会住房由民间住房协会修建，低价出售或出租给中低收入家庭及少量中高收入家庭；私营开发商为中高收入家庭建设商品房。英国政府还采取住房私人融资模式吸收社会资本作为保障性住房融资模式的有益补充。[16]

英国政府制定了“标准住房福利”标准，划定一条收入线，收入水平低于这条收入线的居民将享受一定数额的住房福利，收入水平低的居民将获得更多的住房福利。此外，儿童、残疾人等特殊人群除这些标准待遇外，还享有额外福利。[17]

2）绿色住宅建设

能源政策和低碳经济的兴起，促使英国住宅产业更加关注可持续发展。英国政府积极应对气候变化，提出在2050年减排60%的长远目标。为达到这一目标，强调在住宅建筑中大力推广生态低碳技术，以住宅可持续发展理念推进社会问题、经济问题和环境问题的解决，保障居民安居乐业、生活舒适。

（1）政策引导

英国相当重视运用法规和政策来推动建筑节能工作和绿色建筑建设，制定了较多促进绿色住宅建筑发展的标准和法规。1995年，英国颁布实施了《家庭节能法》（Home Energy Conservation Act）。2006年4月，英国出台建筑节能新标准，规定新建筑必须安装节能节水设施，使其能耗降低40%。[18-19]

英国政府在2006年12月发布《可持续住宅标准》，要求所有新建建筑对能源消耗和二氧化碳排放进行强制性的评定，2016年所有新建建筑达到二氧化碳零排放。《可持续住宅标准》共分为9大类指标：节能、节水、材料、地表水流失、固体废弃物、污染、健康、管理和生态，按评估结果可将绿色建筑分为6个等级，即一星级到六星级，一星级为基本等级，六星级为最高等级。[20]

（2）采用绿色技术手段

英国绿色建筑通过有效的设计，能很好地实现住宅建筑能耗的降低和营造舒适的室内环境。英国绿色建筑普遍采用了以下技术：①太阳能技术，主要有主动式和被动式太阳房，太阳能光伏利用等方式；②新型墙体材料、屋面覆土和重型结构蓄热技术，优良的热工性能的外围护结构有利于减少热损失，保持室内温度的稳定和舒适；③建筑通风技术，重视利用中庭、楼梯间、走廊或竖向风井等合理组织室内气流的流动，达到通风换气的目的；④应用供暖空调新技术，主要包括燃气热电联产供热、地源热泵、地板辐射供暖空调等。[21-23]

3）传统住房的保护性改造

英国是一个历史遗产和古建筑资源丰富的国家，出于对历史建筑的保护，英国法律严格限制对旧屋的拆除，对旧房屋采用保护型改造的方式进行维护，使其恢复生机。在对旧房屋、旧街区的改造中注重建筑风格与建筑文化的保留，展现其历史风貌的积淀。为响应“绿色家庭”号召，英国出台多项举措推进旧房屋的节能改造，在保障建筑风格的同时，促进传统住房的低碳生态化。[24-25]

这些政策和措施的实施与优化，为生态城住宅规划建设提供了良好的理论方法和实践经验。

1.3.2 三个典型生态城镇中的生态住宅规划

1）科提肖生态城镇住宅建设

（1）保障性住房建设

科提肖生态城镇规划注重保障性住房的建设。科提肖生态城镇中在规划的75公顷居住用地上将提供5000套住宅。为保障低收入居民的住房需求，规划其中的30%为保障性住房，即为居民提供1500套保障性住房。

（2）建材选择

规划中要求住宅建筑建设应减少使用不可再生的纯天然材料，增加可回收材料的使用，尤其是再加工要求较小的材料，并且通过运用建筑技术减少材料使用量。使用合格的木材，选择来自森林管理委员会（Forest Stewardship Council, FSC）认证的林区或者再利用的木材产品，通过对木材进行热处理延长木材使用期限。

（3）住宅节能

住宅采用可再生能源供能，追求以最小化需求来获得最大舒适度。通过在房顶安装太阳能热水系统、太阳能光伏系统、固定在被动式房屋屋脊的小型涡轮发电机等提供住宅所需的能源。运用现代科技确保住宅高能效，降低建筑物对化石燃料的需求量，并减少其他不可再生能源的使用量。

2）中部昆顿生态城住宅建设

（1）保障性住房建设

中部昆顿生态城将在258公顷土地上提供6000套新住宅，并将其作为生态城镇的一个有机组成部分。通过混合类型与使用权选择方式提供2000套保障性住房，保障性住房占新建住宅比例的1/3。

（2）建材选择

生态城中的建筑材质以可回收性与低能耗性为选择标准，鼓励居民使用可持续性材料。主要考虑的材料为来源于有机资源的绝缘材料、石灰混凝土、石板瓦或木屋顶、有孔黏土砖（非实心）、硬木窗户和细木工制品（符合FSC采购要求）。

（3）住宅节能

规划中采用多种途径来实现住房建筑的节能，如在屋顶上安装太阳能热收集器来加热水，用地面和空气源热泵供热和制冷等措施，并通过利用太阳能、风能等低碳能源来满足生态城镇约40%的能源需求。

3）福特机场生态城镇住宅建设

（1）保障性住房建设

作为一个新建的生态城镇，福特城将是一个为居民提供5000户住宅的独立定居点，可容纳5000个家庭，满足首次定居家庭的一系列需求。其中将通过多种形式提供占总量40%的保障性住房（约2000套）来满足低收入人群及外来人群的住房需求。

（2）建材选择

福特机场生态城镇中的住宅建筑材质要求尽量选择具有较高隔热、隔声性的材质，减少室内外的热交换并保持室内安静。通过选择使用可回收材料尽量减少对不可再生材料的使用，减少住宅建筑对不可再生材料的依赖。

（3）住宅节能

所有新住宅将按照可持续住宅的六级标准，基于被动式太阳能设计原则建造。在地区小气候预测的基础上布局建筑物，结合小气候分析选择最佳太阳角度。通过选择高隔热性与低透气性的墙体、屋顶与玻璃窗，采用热回收系统进行室内空间加热。从废物再利用中获取能源，通过分区体系实现供暖与制冷。

1.3.3 三个典型生态城镇住宅建设规划特点比较

1）共同特点

（1）提供一定比例的保障性住房

为保障低收入人群的住房需求，三个典型生态城镇均规划建设一定比例的保障性住房，并通过出租与廉价出售相结合的方式提供给低收入家庭，保障性住房的比例占到了新建住宅建筑的30%~40%。

（2）建材可回收化

三个生态城镇规划均规定住宅建筑采用传统材料和先进建筑技术相结合的方式建设。可再生材料与低能耗材质是住宅建筑的首要选择，减少使用不可再生材料，注重对本地建材的使用，使用符合FSC规定的木材。

（3）注重利用低碳能源

三个规划均基于被动式太阳能设计原则，通过调整住宅朝向最大化被动获取太阳能。通过在屋顶安装太阳能热收集器及太阳能光伏系统，主要依靠太阳能的利用、减少热交换等方式实现空间的加热与保温。

2）规划独特性

（1）详尽程度不同

三个典型生态城的规划以不同的详尽程度对其住宅规划建设进行描述。科提肖生态城镇规划中住宅规划内容较为集中；中部昆顿生态城镇规划根据其划分的区域片区特色进行住宅规划；而福特机场生态城镇规划中的住宅规划内容则较少。

（2）特色各异

科提肖生态城镇规划从设计方法、建筑工艺、建筑材料、建筑中的水资源、建筑能源、建筑面向未来等方面对绿色住宅建筑进行了细致的规划。

中部昆顿生态城镇在规划中重视建筑景观效益。根据景观的不同，中部昆顿分为镇中心区、供给村、森林边缘、车站区与湖滨区五个区域。住宅建筑规划中强调结合分区的不同风格要求，选择建材、设计住宅样式。

福特机场生态城镇通过表格将太阳能节能型住宅与商务楼两种不同标准列出。

（3）建筑布局

科提肖生态城规划提出通过建筑布局规划降低建筑能耗。其规划内容可概括为：①调整住宅朝向，使住宅最大化地获取太阳能；②运用紧凑型建筑降低能耗；③运用计算机建模辅助设计，为居民提供良好的生活环境；④高建筑密度（规划区内平均密度不应超过60户/公顷），降低能耗。

1.3.4 生态城镇生态住宅规划建设标准与要求

2009年英国颁布实施的《生态城镇规划政策》中对住宅建设规划的要求具体如下：

①至少达到宜居建筑的银级标准（Silver Standard）与可持续住宅四星级标准（除非此规划声明中另有更高的标准）；

②符合终生住宅标准与空间标准；

③住宅内拥有实时能源监测系统、实时公交信息与高速宽带（包括新一代宽带）接入并考虑到支持辅助生活和智能能源管理系统的数字存取功能；

④至少提供30%的保障性住房，包括廉租房和过渡房；

⑤在建筑材料上必须体现高标准节能性，与此同时需要考虑到2016年将采用新的更高要求的节能标准（包括在2009年6月发布的“2010计划”修正案以及未来零碳家园的定义）；

⑥通过提高能源利用的综合节能方式，在当地形成低碳和零碳排放的能源利用，通过开发低碳和零碳排放的供暖系统提供热能等措施，从空间加热、通风、热水、固定照明等方面实现在现有建筑标准基础上至少再减少70%的碳排放目标。

1.3.5 小结

英国生态城镇规划中住宅建设实行住宅多档次、多品种的供应，以满足社会不同消费群体的需求，特别关注价格适宜于中、低收入家庭的住宅建设；注重住宅的节能性与环保性，同时还注重住宅建筑的舒适性、社区建设的宜居性，鼓励社区内的社会工作；充分考虑居民居住习惯，注重朝向、采光、通风的设计，并同时解决好防噪、排污、防尘等问题；保护居住环境，提升居住质量，并形成具有地方特色的住宅建筑风貌（表1–5）。

英国生态城镇住宅建设 表1–5

生态城镇	内容
科提肖生态城镇	减少使用不可再生的纯天然材料，增加可回收材料使用，并且通过运用建筑技术减少材料使用量； 住宅采用可再生能源供能，追求以最小化需求获得最大的舒适度； 通过在屋顶安装太阳能热水系统、太阳能光伏系统、固定在被动式房屋屋脊的小型涡轮发电机提供住宅所需的能源； 运用恰当的现代科技确保住宅高能效，降低建筑物化石燃料需求量，并减少其他不可再生能源的使用量
福特机场生态城镇	住宅建筑材质主要选择具有较高隔热、隔音性的材质； 减少对不可再生材料的使用，尽量选择可回收材料； 新住宅按照可持续住宅的六级标准建设； 采用热回收系统进行室内空间加热
中部昆顿生态城镇	建筑材料选择可回收型及低碳型材料； 通过在屋顶上安装太阳能热收集器来加热水，用地源和空气源热泵供热和制冷； 低碳能源占能源需求的40%

1.4 英国生态城镇绿地系统规划分析

1.4.1 英国生态城镇绿地系统规划建设背景与经验

英国生态城镇绿地系统研究与实践有很深的渊源和良好的基础，主要包括自然风景式园林的传承与发展、以绿带为主的绿色基础设施的规划与建设、生物多样性的保护与庭院花园建设等方面。

1）自然风景式园林风格的传承与发展

英国崇尚田园风格，素以自然主义闻名于世。英国园林设计兴起于对乡村景观的模仿。产生于18世纪的英国自然风景式园林，更是园林艺术的一次重要变革，将西方园林引向了以自然式为主导的新时代。

自然风景式园林在造园手法上，摒弃了以表现人造工程、人工技艺之美为主导的造园模式，形成了以形式自由、手法简练、美化自然等为特点的新风尚，并成为英国绿色空间营造的主要手法。在植物选择上，自然风景式园林多采用野花、野草和地方树种，使园林植物适应气候环境，在节省浇灌用水的同时也使植物生长良好。[26-27]

2）以绿带为主的绿色基础设施的规划与建设

绿带主要指环绕城市建成区的乡村开敞地带，包括农田、林地、小村镇、国家公园、公墓及其他开敞用地，为居民提供绿色开敞空间、户外运动和休闲机会，改善人居环境。

在英国规划体系中，绿带居于重要位置，其早在1938年就颁布了《绿带法》（Green Belt A）。绿带一般由地方规划确定其范围，绿带内的开发建设受到严格的限定。绿带最初强调的是防护隔离、公共开敞空间与阻止城市无序蔓延等功能，目前绿带功能定位更趋向复合化和综合性，并成为城市可持续发展的重要策略之一。[28]

在英国有多种力量在推进绿色基础设施发展。绿色基础设施在发挥生态效益的同时，在推动公园和游戏场的社会性、凝聚力方面也发挥着巨大的作用。[29]

3）生物多样性的保护

生物多样性保护的观念在英国已经深入社会各方面，城镇开敞空间不仅属于人类，也是和平鸽自由飞翔的空间；走在河边或公园里，专门的生物多样性小园区处处可见。

英国生物多样性保护通过直接投入或补偿等措施促进绿色发展，其主要途径包括森林资源恢复和重建、科学规划湿地保护发展、种质资源和生物多样性保护、野生动植物栖息地与物种保护等。林业发展与湿地保护在生物多样保护中发挥着重要作用，已取得了经济、生态与社会等良好的综合效益。[30]

当前英国实施了《生物多样性行动计划》（The United Kingdom Biodiversity Action Plan），将生物多样性纳入可持续发展进程中，在保护区、农业、林业、海洋、淡水等多方面推进生物多样性保护，提出了具体行动策略与工作计划。[31]

4）花园与田园式城镇发展

“田园城市”（Garden City）一词来自英国，不只因霍华德提出田园城市模式而闻名，其实也更因英国城镇多大片绿地，且几乎家家户户的院落前都有花园。

英国城镇居民住房一般分为独立式住宅（house）与楼房（flat）两种，前者多为上下两层的房子庭院格局，除停车空间均遍植花木，建成花园，多以藤蔓植物作为护墙。一眼看上去，沿街的庭院前均有小花园，并连成花园带。后者的楼房公寓小区里每座楼前都有相当面积的草坪，楼与楼之间是大面积的绿地。

英国的医院、学校等公共管理与服务设施也是楼房形式，但与中国不同的是，其建筑密度较低，楼房四周布置大片绿地，沿街一层楼前也通常布置小型带状公园。

英国地广人稀，人口密度不到300人/平方公里，除伦敦外其他城市人口和规模都较小。一般城镇少见摩天大楼，多开放的绿色空间，属于绿色中的城镇、自然式田园城市。伦敦奥运会的举办让世界知道连伦敦也是个富有田园风情的大都市。

英国城镇的公共绿地系统也分组团、小居住区、片区与市级等层次，总体上绿地比建筑多，单个公园的用地规模也较大。所以，花园式城镇在英国盛行。[32]

1.4.2 英国三个典型生态城绿地系统规划重点内容

1）科提肖生态城镇

（1）绿地系统规划策略

科提肖地区大部分由草原组成，规划将其改造成土地类型丰富且适宜当地动植物生活的混合型栖息地。维护和加强现有生态资源，连接区域外野生生物廊道和栖息地。人造湖区建设了堤防，形成了典型的由芦苇地、沼泽地、湿地、林地组成的湖区景观。

（2）绿地系统规划内容

规划中划出40%的土地建设新的湿地作为生物栖息地，包括开阔的水面、水洼地、沼泽、芦苇地、毛白杨林地和草地。创造一个对人类和野生动物都有益的湖区，确保栖息地之间的互补关系，大面积的牧草、湿地与低洼湿地形成鲜明对比。

（3）生物多样性保护

该区域内有丰富的植物群和动物群，专业养护的森林、湖泊和草场，为外来野生动物栖息提供了场所。保护野生生物，建立生态网络使野生生物得以在小地块间迁移。

2）中部昆顿生态城镇

（1）绿地系统规划策略

维护和增强自然系统的健康与可持续性；保护生物多样性，修复受损的生态系统；创建新的、有重要作用的公共户外空间。

（2）绿地系统规划内容

中心区的东部建设一个大型公共广场，为集体活动或临时会议提供公共场所。南部边缘建立传统的副食供给区，可设计为私人菜园或公共菜园，增强生态城自养能力。

副食供给区围绕规则的棋盘式街道建设，通过围墙划分街面插上篱笆在住宅区内形成圈地，插上篱笆成为家庭花园或社区花园。

保护与发展已有林地，优化林地边缘环境，加强林木种植。利用当地的落叶和常绿树种进行结构性种植，发展多种多样的观赏景观或特色景观，为每一个社区建立特殊的名片。

（3）绿色基础设施

该区域40%的土地规划为绿色用地，土地利用类型多种多样，包括林地、湖泊、运动场、球场、副食农产品供应地、公园、广场、私家花园等。包括绿色基础设施在内的社区资产都由社区利润公司（CIC）负责维护，该公司负责绿地的设计和质量保养。

（4）生物多样性保护

湖泊为生态城镇提供很多优越的公共便利设施和大片广袤的芦苇地，来推动实施镇内的可持续策略。湖泊和林地在生物多样性保护中发挥着重要作用。

3）福特机场生态城镇

（1）绿地规划策略

提出保护建筑的绿地规划策略，利用现有植被，为新建筑提供适宜的缓冲区。用篱笆和防护林保留和强化区域边界。在保留重要景观的同时创造林地和防护林及一个大型树木和树篱网络，使密集的农田景观覆盖整个区域。

（2）绿地规划内容

生态城将生态设计和资源有效利用的理念融入绿色空间设计，并推出新的生物多样性地区，用湿地、公园、河渠和物种丰富的园林取代单一的耕地景观。

创造多功能绿色空间，街头巷尾为人们提供更多休闲放松与娱乐互动的空间，同时开发一个适合更多年龄层次的人群自由自在玩乐的多样化野外风景区。

开发综合空间，提倡运动，促进居民健康，支持本土食品生产。该策略具体包括以下几个方面：9公顷的配给区用于种花或种菜，建5公顷的公共果园，3个小合作经销店将食物配送到农产品商店和教育机构，设一个进行本地农产品交易的市场，大约90%的家庭拥有私人花园或户外用地，在城镇附近种植蔬菜和水果，用40多公顷的土地进行本土食品生产。

（3）绿色基础设施

规划旨在创建一种网状连接、特征鲜明的绿色空间，包括城镇公园及小型绿色街道，为当地百姓提供约150公顷的绿地，如果将花园及普通的绿色街区也算进去，将增至200公顷以上。

绿色基础设施包括为各种比赛提供一系列设施与场地的基础公园，维持和创造丰富栖息地空间的生态公园（2个），作为城市绿地空间网络一部分的邻里公园（4个），新水体和运河系列形成的蓝色空间，现有跑道元素形成的创造性独特城市空间，小农户、果园和榛树等组成的生产性景观。

（4）生物多样性保护（表1-6）

生物多样性问题及响应机制 表1-6

问题	响应
乡村丧失其原有吸引力	该生态城市的建设不会在很大程度上影响到国家或地方的景观风貌。它既不是宏观意义上的景观带或某一局部的景观点，也不是包含于南唐斯国家公园（South Downs National Park）里的景观地带； 生态城市的发展不会导致包括景观在内的各个方面呈现出显著的变化
对旅游业的影响	独具地方特色的建筑、人性化的场所和服务都将吸引相关专业人士、潜在的消费者和当地的游客去福特生态城镇
对现有野生生物的影响	无论世界级、国家级乃至县级或当地的生态保护区都不在生态城镇的地域范围内或边缘地带； 绿地系统和待开发的两个湿地系统将有望在改善当地生态环境和增加生物多样性方面发挥重要的作用
对其他保护区的影响	福特生态城镇建设的概念规划为该区域内发展大面积的休闲服务业提供了良好的契机

1.4.3 英国典型生态城镇规划特点比较分析

1）共同特点

（1）注重绿地景观规划与环境的融合

绿地景观规划最基本的出发点是创造鲜明的视觉形象、良好的绿化环境、足够的活动场地，通过场地规划与景观生态方法来创造与人类需求协调的户外环境。在这三个生态城的景观规划设计中，特别注意自然与相邻建筑的融合，通过景观和建筑的协调发展来确保维持人类和野生生物群落均能获益的平衡互补，保护生物多样性。绿地景观规划以维护和加强现有生态资源为支撑，创造与区域外的野生生物廊道和栖息地相连接的新型公共开放空间。

（2）发挥湿地景观的生态效益

三个生态城均强调通过湿地来增加生物多样性，主要通过建设新的湿地和湖区来提供多样化栖息地，包括开阔的水面、湿地、芦苇丛、毛白杨林地和草地。湿地、湖泊为生态城提供了很多便利和益处，一方面作为城市的贮水空间，另一方面对于防洪和栖息地建设具有重要意义。

（3）重视生物多样性保护

合理调控现有景观生态系统与规划设计新的景观格局，以保护景观的生物多样性，对棕地予以重点保护。在这三个生态城规划中，通过保留、保护、创造野生生物走廊，提供大量动物栖息地，全面提高生物物种的多样性。绿地系统和湿地系统将有望在改善当地生态环境和增加生物多样性方面发挥重要的作用。

（4）丰富游憩空间

游憩空间是城市游憩物质空间和城市游憩行为空间耦合而成的空间，渐渐成为人们感受文明、理解文化、陶冶性情、与自然相融的一种综合性的文化生态环境。三个生态城的景观空间规划中，特别注重对游憩空间的布置，对不同年龄段人群的活动特征给予不同的空间设置，包括建立鱼类资源丰富的垂钓湖、欣赏野生动物的观测地以及相关的自行车道、步行道，方便人们慢跑、骑自行车、遛狗等。

（5）发展绿色基础设施系统

绿色基础设施由各种开敞空间和自然区域组成，包括绿道、湿地、雨水花园、森林、乡土植被等，这些要素组成一个相互联系、有机统一的网络系统。绿色基础设施概念是公园体系、绿带、绿道、生态基础设施等城市绿地建设理论的延伸。

三个生态城镇均十分重视绿色基础设施系统的建设，通过湖泊、湿地、林地、公园、私家花园等绿地空间来为野生动物迁徙和生态过程提供场所，同时可以减少洪水的危害，改善水的质量，降低城市管理成本。

2）各自侧重点

（1）绿地发展思路

科提肖生态城镇强调创建一个绿化空间网，保留现有的成熟树木，扩大和强化灌木区（长达10公里的原生灌木新品种），提供多样化的湿地栖息地，包括沼泽、洼地、毛白杨林地、草地和苇丛滩等以满足防风、遮阴需要。

中部昆顿生态城镇强调维护和增强自然系统的健康与可持续性。发展当地的生物多样性，修复受损的生态系统，创造新的、具有重要作用的公共开放空间。

福特机场生态城镇强调在保留重要景观的同时创造一个大尺度树林和篱笆的框架结构，创建密集的农田景观。保留和加强景观和植被多样性、动物栖息地及各组团间的空白地域。鼓励建立一个比较宽的林地遮蔽带和城市边缘的植被带，鼓励在居民可达的农村周围进行景观建设。

（2）生物多样性保护措施

科提肖通过建立新的湿地来保护生物多样性，同时重新将支离破碎的栖息地连接起来，通过建立生态网络使野生生物得以在小地块间迁移。建立野生生物保护区，保护茂盛的植物群和复杂的动物群，为外来野生动物提供栖息地。

中部昆顿生态城镇提出在附近创建一个大的湖滨区，为动物提供栖息地，全面提高本地物种的多样性。

福特机场生态城镇提出建设绿地系统和待开发的两个湿地系统。这在改善当地生态环境和增加生物多样性方面将发挥重要作用。强调用湿地、公园、河渠和物种丰富的景观取代单一的耕地。

（3）生产性绿地重视程度及特点

科提肖生态城镇主要注重生物多样性的保护，对生产性景观设计较少涉及。

中部昆顿生态城镇提出在配给村建立家庭市场花园，在南部边缘建一个传统的带状副食供给区，作为线性公园的缓冲，可设计为私人菜园，或者将它建成公共菜园，住户可以亲自采摘。

福特机场生态城镇提出创造生产性景观，将其作为城市生态景观，主要形式为小农户，果园等，生产地设在非传统地点，如公园和拥挤的街道。生产性景观的作用除补给副食外，还有观赏与娱乐服务等功能。

（4）特色绿地景观空间

科提肖生态城镇规划建设一个鱼类资源丰富的垂钓湖、一个欣赏野生动物的观测地及相关的自行车道、步行道，供儿童活动的场地和一个养殖场，同时还将建设提供餐饮娱乐服务的活动空间等。

中部昆顿生态城镇的中心区东部是一个大型的公共广场，为公共活动提供了场所。商业大街的中心有一条扩宽的道路，为做小生意的商人创造了机会，并让人们有机会观赏街道景观。

福特机场改建计划提出建设蓝色空间网络，由新水体和运河系列形成并开发水上活动，如划独木舟、钓鱼、游泳等。

1.4.4 生态城生态绿地系统规划建设导向与要求

2009年英国颁布了《生态城镇规划政策》，对有关生态绿地系统规划建设要求如下。

1）绿色基础设施

生态城镇总面积的40%应为绿色空间，其中一半的绿色空间应为公共绿地，形成一个管理良好、高质量的绿色户外空间网状结构，可通向更为广阔的乡间。规划中应展示一系列绿色空间，如社区森林、湿地与公园等。绿色空间应是多功能的，即既是一个娱乐休闲的好去处，也是散步、骑车的安全场所，能为野生动物提供栖息地，也是城市的降温器、洪灾的调节器。

应充分关注土地的使用，从而使当地社区、个人园圃和商业花园能够生产各种食物。

2）景观和历史环境

生态城镇规划应充分考虑对当地景观与历史环境的影响。应该用此类数据——尤其是从景观特征评价与历史景观特征中获得的数据——来确保现有的景观特征得到发展补充和增强。此外，还应使用包含在相关历史环境记录中的数据来评估已知历史遗产（以及将来可能发现的未知遗产）的规模、重要意义及现状，及其对生态城镇及周边环境所能做的贡献。生态城镇应该制定相应的措施，从而通过规划开发来保护与适当增强历史遗产的价值，并改善其环境。

3）生物多样性

生态城的规划应保证当地的生物多样性只能增加，不能减少。任何会对国际认定的自然保护区和特殊的科学研究场所造成明显不良影响的生态城发展建议都不应得到批准。

如果地方规划部门在对一个计划或项目作出适当评估后，仍无法确定该计划或项目是否会对欧洲区域（Europeasites）的完整性产生不良影响，就不应该批准该计划或项目，即使它符合其他政策要求。生态城镇建议一般是不可能满足《栖息地指令》（Habitats Disective）中第6条第4款的要求的。在适当情况下，地方规划部门可能要考虑生态城镇的规模与质量，以避免影响欧洲景致的完整性。如果专家的结论是：在批准一个能提供最少5000户住宅的生态城镇时无法避免或减轻其所带来的不良影响，那么就应该为这个最低限度的住户数采取充分的预防措施，从而确保它不会对任何一个欧洲景致的完整性产生不良影响。

生态城镇的规划申请中要有保护与增强地方生物多样性的措施。这些措施应建立在地区生物多样性的最新信息上，包括涉及当地生态系统管理的建议，如何恢复已恶化的栖息地，或者如何创建新的替代型栖息地。应该制定与英格兰生物多样性战略与本地生物多样性行动计划相符合的优先行动，包括适当的缓解或补偿措施，以尽量减少对某些物种及栖息地的不利影响，并提升当地整体的生物多样性。开发商在制定策略时，应该征求“自然英格兰机构”（Natural England）和其他相关的法律顾问的意见，决策当局也应该向这些机构咨询这些策略是否充足。应确定哪些机构为该策略执行机构，同时保证策略的执行与开发工作同时进行。

1.4.5 小结

三个生态城镇规划中的绿地与景观系统规划均注重绿地景观规划与环境的融合和湿地景观的生态效益，并且重视保护生物多样性，强调对生态环境的保护与利用。以人为本，丰富游憩空间，积极打造生态宜居的城市。

1.5 英国生态城镇交通系统规划分析

1.5.1 英国生态城绿色交通相关规划经验与背景

随着世界各地城市交通状况的日益恶化，生态交通规划得到较快发展，而英国作为全球低碳和生态城镇的积极倡导者和先行者，一直引领着生态交通规划的前沿与方向，从公共交通、自行车系统、智能交通和交通管制等方面进行了尝试和推进，并逐渐形成了独特的生态交通规划模式。[33]

1）城市街道规划

19 世纪末20 世纪初，英国街道规划开始关注人们的健康状况。由于宽阔的街道能保证通风及光照，英国的城市规划师们创造了一种新的街道布局模式，即根据艺术原则来设计街道。规划师恩温（Raymond Unwin）建议减少特定的居住区街道，并控制城市中心街道的机动和车轮交通，以减少居民和行人受到的机动车干扰。[34]

2）公共交通规划

19世纪末，英国的公共交通规划开始自由发展，到20世纪30年代已经初具规模，20世纪90

年代英国的公共交通开始私有化。同时，人们逐步意识到要协调交通和环境、土地及社会公平等方面的关系。20世纪90年代以后，英国政府发布了《英国可持续发展战略》和《规划政策指导》来指导公共交通的发展。[35-36]

目前，英国已形成由轻轨、地铁、公共汽车、有轨电车及轮渡等多种交通方式构成的城市立体交通系统。为保障公共汽车的正常运营，英国政府采取了很多措施，如严格禁止非公共交通车辆占用专用道及靠近公共交通站点停放车辆；采用现代化的交通信号系统，保证公共交通车辆优先通行；同时，允许公共汽车在路口调头回场等，使公共交通成为居民出行的首选方式，从而减轻城市交通压力。[37]

3）自行车交通规划

目前，英国伦敦共有350多条自行车专用道，总长约800公里的自行车道路网贯通全英国。同时，英国政府实行税收优惠政策，鼓励民众骑车出行，允许自行车逆向进入单行道，并建立了发达便捷的自行车租赁系统。通过这些措施，英国约有2000万人居住在离自行车道路网不超过3.2公里的范围内，自行车道利用率达1亿人次/年，其中超过60%的人骑自行车上学、上班和购物。这极大地减轻了城市的交通压力，减少了交通事故发生，并降低污染，改善了城市环境。[35]

4）人性化与智能的交通

20世纪80年代以来，英国开始发展智能交通并从各个方面完善智能交通系统，如建立车载即时信息系统，包括在线出行信息、出行计划服务、可变信息、智能停车等；建立电子收费系统，确保不需停车的全自动电子收费；将先进的电子技术和计算机应用于交通道路的管理；开发研制先进工具等。智能交通规划使英国人的出行更便捷，有效提高了出行效率。[38]

2007年，英国运输部出台了《低碳交通创新战略》，并在2009年的《低碳交通更加绿色的未来》（Low Carbon Transport: A Green Future）中针对不同的交通工具提出了减少碳排放的发展方向。同时，英国政府鼓励民众使用新能源交通工具。2009年，英国政府宣布推广充电式汽车这一环保、便捷的新型交通工具，英国能源技术研究所（ETI）启动了名为“联合城市”的计划。该计划的目的在于建立全国性的充电场所网络，使充电式汽车使用更便利，促进充电式汽车的推广。[39-40]

5）严格实施交通管制

英国政府在交通管制方面采取了很多措施，如在适当时间采用卫星定位系统对不同路段收取不同路费，从而缓解交通拥挤状况；伦敦的交通部门多次完善交通管制系统，安装道路监控设施和复合型智能交通系统设备；在主干路开辟供公共汽车专用的公交车道；在地铁站附近建造免费停车场，鼓励民众换乘公共交通；制定严格的违章罚款制度、车速限制监控、驾照考试制度等；通过提高燃油税来限制私家车的使用；同时还在市区设置很多的自行车租赁点，鼓励

人们骑自行车出行。这些措施都很好地改善了伦敦的交通状况。[41–42]

1.5.2　生态交通规划内容

1）科提肖生态城镇交通规划

建成一个安全和四通八达的街道网络，与现有的交通线路相结合，实现步行和自行车出行最大化。

（1）公交车

通过限制铁路通行，新建一条公交线路连接北部郊区的零售商店、就业开发区、诺威奇（Norwich）国际机场、停车换乘区，并利用克罗默（Cromer）A140专线通往市中心。由公路管理局和公共交通运营商合作开发公交线路，并制定了一系列公交优先政策。

（2）人行道/自行车道

构建一个可以扩展的人行道/自行车道设备网络，连接城镇内的主要设施。同时，步行道和自行车道设施将尽可能接近机动车道，并连接区域内的长途休闲路线。

（3）高速公路

为满足居民与游客前往诺威奇市的需求，改善从北集散道（Northern Distributor Road）到科提肖的B1150道路现状，完善交通枢纽并扩建部分区域，提供一条高质量的连接科提肖与拟建的北集散道和诺威奇郊区的交通线路。

建设一条新的西部连接线路作为支路高效连接科提肖，可大量地转移城镇南北方向的交通流量，构建高质量的内部公路网。

（4）铁路

为打破北沃尔沙姆（Walsham）单轨段的限制，将布雷山谷（Bure Valley）和罗克瑟姆（Wroxham）段升级，全面达到干线标准轨距要求。建设新的站点及与干线列车匹配的新月台和等候区。新改进的布雷山谷段将从罗克瑟姆站连接比顿线，构成基地到诺威奇市中心的“生态火车”轻轨线路。在湖区公园设站点，连接基地和重要就业区，并在不影响主干线的情况下提供定时服务。

（5）出行计划

制定包括出行奖励制度的出行计划。通过宽带连接住宅与中央收集站、主要超市订购点；向居民提供优惠的公共汽车票和火车票及详细的出行信息；成立汽车俱乐部机构；在实施过程中与公路管理局协商，并由专门的出行计划协调员限制停车数量，以此鼓励当地居民使用其他多种出行方式。

2）中部昆顿生态城镇交通规划

构建了一套全面系统的低碳生态交通体系，鼓励步行和自行车交通，减少私家车使用，以减少二氧化碳的排放。具体包括建成步行社区、农民市场、专用的自行车林荫道和连接斯特拉福德（Stratford）和赫尼博纳（Honeybourne）的公交线路，使汽车出行率减少50%，营造一种安静的交通环境。

（1）制定内部出行规划

以“旅行计划金字塔”（Travel Plan Pyramid）为基础，在设计和运营阶段，充分考虑行人、骑自行车者、客运用户需求。

各类地块间的最大距离不超过1.6公里，各社区内部的最远路程为800米（约10分钟步行的距离）。巴士服务中心的服务半径为400米，超出了《生态城镇进程报告》（Eco-town Progress Report）的标准，同时鼓励居民步行和骑自行车。统一向欧洲最好的自行车生产商定购，为每户人家免费提供一辆自行车。

（2）将出行需求降到最低

在社区内建设小学、零售店等公共服务设施，提供就业机会，最大限度地减少人们的出行需要，降低日常生活对环境的影响。

向当地居民提供多样化的工作，建立就业激励机制，创建良好的家庭办公环境，促进当地居民在生态城内甚至在家就业，最大限度地减少工作通勤需求。

通过食品店及其他零售商店满足居民购买食物及其他日用品的需要，减少城镇内远途购物的出行需求。来往于生态城镇内的送货车辆也要达到低碳排放标准。

（3）与现有道路有机连接

中部昆顿通过提供就业、零售、教育等服务设施与周围城镇连接起来，当地的村镇与社区都将从这些服务中受益。

为了鼓励居民步行和骑自行车出行，中部昆顿将采取包括保留、修缮通往斯特拉福斯特绿色通道上的基础设施等措施将其与乡间小路、马车道相连接。

加强巴士服务能力，更好地连接周边乡村，提供新的高质量运输通道，连接斯特拉福斯特与赫尼博纳、伊夫舍姆（Evesham）等地区，从而使中部昆顿与现有的铁路运输网连接，并连接牛津、伯明翰甚至更远的地方。

（4）最大化地减少对现有道路的冲击和交通堵塞

中部昆顿周围村庄居民的出行中有88%是依靠通勤巴士完成的，规划提出每天汽车出行最多占40%，低于《生态城进展报告》中的规定。为实现这一目标，将采取如下措施：

鼓励住在城镇外的员工用其他交通方式（通勤巴士、公交等）来代替私家车，以改善交通状况；镇区内部的食品店与其他零售商店尽量满足居民购物要求，以减少出行次数和出行需求；根据出行规划，通过连接城镇的铁路将城镇建设所需要的货物运到镇中，再由低排量的汽车分发到各个商业中心。

（5）建设高质量的客运线路

提供优惠的公共交通服务和高质量的客运线路，最大限度地减少人们驾车出行。同时提高当地公交网络的效率，通过社区运输服务中心为居民提供服务。继续加强与铁路方面合作，恢复赫尼博纳和斯特拉特福特之间的铁路客运线路。

3）福特生态城交通规划

创建一个鼓励步行和自行车出行的公共区域和土地利用格局，构建一个稳定的交通体系，使自行车与公共交通出行比率达到60%。

（1）内部交通组织

通过社区穿梭巴士（shuttle bus）连接车站、市中心、校园和就业区等区域。带有拖车的穿梭巴士可作为运载工具和家庭垃圾收集车。充分利用开放和地势平坦的内部道路网建设步行和自行车通道，以便人们能够快速到达火车站、社区中心、校园或就业区域。

（2）家庭信息平台

每个住宅区将配备家庭信息平台，可以通过手机等实现远程访问，查询列车时刻表和巴士实时信息、路面实时信息、出行路线、租车信息、需求运输信息等，还可以通过向旅游管理团队提交调查问卷来制定个性化的出行计划。

（3）高速公路

利用高速公路连接生态城镇与周边城镇。利用高速走廊解决交通拥堵问题，加强火车和汽车之间的立体交通联系，以减少汽车的行驶距离。

在高速公路廊道内，对优良谷地进行合理的土地利用规划，使土地用途多样化。高速公路将会成为一个优质的活动廊道，作为生态城镇的动脉，实现区域的连接，极大地促进商品买卖、咖啡业、啤酒业及散步等户外活动。

1.5.3 规划特点比较

1）共同特点

（1）生态、低碳理念贯穿始末

零碳、低碳理念和可持续发展理念都始终贯穿于三个生态城镇规划的各个部分，尤其是在交通系统中，这两大理念更为明显和突出。

限制私家车并优先考虑步行和自行车等非汽车模式，鼓励以汽车为基础的运输手段向其他运输手段的转变；在社区内部只保留家庭私有和必需的紧急通道，在公共空间则禁止停车或只提供有限停车位，旨在保证当地居民生活在一个无车环境中，最终构建一个友好型、低碳型、节约型的交通系统。

建设公共交通环形线路作为一个持续动力公交专用通道，还可进行废物收集。内部交通方面尽量减少出行需求，外部交通则在连接原有道路的基础上，增加城际列车并建设更多的站点，以加强生态城镇与外部区域联系。

（2）以标准为参照

三个生态城镇均以《英国生态城镇规划标准》为建设准则，尤其是在出行比例上，三个生态城都提出汽车出行率将低于50%，甚至低至40%，以此鼓励低碳、零碳出行。

（3）突出交通方式多样化与便捷性

三个生态城镇都对步行、自行车和快速轨道等交通出行方式做了详细规划，使得人们的出行方式更加多样、高效、便捷。

（4）构建完整的交通系统

三个生态城镇都着重规划了各自的内部交通系统和外部交通系统。内部交通强调减少出行，加强联系；外部交通则以区域为背景形成绿色的、快速的交通运输通道，以此形成系统、完整的交通体系。

（5）提供优质出行信息服务

三个规划均要求充分利用网络资源，构建社区内、外的出行信息平台并及时更新，便于居民查询和掌握有效的出行信息，增强交通的畅通性，节省居民的时间和精力。

（6）制定专项出行规划

三个生态城镇均针对各自需求，结合自身的交通特点，制定专项出行规划，将相关出行指标细化和量化处理。这样既便于操作，又可以使规划更加明确、具体。

（7）将交通规划与就业相结合

三个生态城镇在内部交通网络和车站地区建设相关内容中都将就业作为重要部分进行了详细叙述，通过就业方式的改善，降低了生态城镇内部居民的出行需求。

2）不同特点

（1）中部昆顿生态城镇

该生态城镇具有明显的区位优势，道路网络初具规模。规划从对交通战略的叙述来展现内外交通组织，侧重降低出行需求，强调最大限度地利用现有路网，最后还提出了其他建议，参与式较强。

（2）福特生态城镇

在原有交通基础上强调内部交通组织建设，并构建家庭交通信息平台，便于居民查询出行信息。规划中对交通体系的每一部分均附带策略性的解释。鼓励步行与自行车出行，并使其比例达到60%。

（3）科提肖生态城镇

作为前英国皇家空军基地，科提肖生态城镇原有的交通组织不成体系，但可塑性较强。在规划中通过不同交通组织构建系统的交通体系，注重对外交通联系，详细设计了各种交通方式。

1.5.4 生态城镇生态交通系统规划建设标准与要求

2009年，英国颁布的《生态城镇规划政策》对交通建设规划的要求具体如下：

生态城镇内的出行应保证在满足居民活动愿望的同时达到低碳生活目标。生态城镇的设计应该做到：无论前往还是途经生态城镇，步行、自行车、公共交通及其他可持续方式应成为人们的首选，从而减少居民对于私家车的依赖，包括过滤穿透性（filtered permeatability）可持续交通等技术。要达到这样的目的，公共交通与社区服务距离住宅应在10分钟步行范围之内。在生态城镇内提供公共服务可以减少居民对于私家车的需求，并鼓励可持续交通方式的有效使用。

规划应包括具有以下特征的出行计划：①生态城镇的设计应考虑如何使50%以上（尽量达到60%）的出行不用小汽车；②借鉴《街道手册》、《宜居建筑》与社区出行计划原则等所包含的优良设计原则；③如何从居民的“第一天”居住生活开始向他们提供有效的交通选择信息、基础设施及公共服务；④监控生态城镇中交通所产生的碳影响，并将其作为长期低碳出行方式的一部分纳入社区管理计划中。

当生态城镇邻近一个生活质量更高的社区时，规划申请中应同时体现出以下特点：①在生态城镇周围修建关键连接点时，要保证开发不会造成交通拥堵；②所制定的目标不能超出交通方式的分担量，即最多达到前面所提到的可持续交通出行比率的50%（远期达到60%）的目标。

若生态城镇计划包含超低碳车辆方案，如利用电动汽车等来实现可持续交通系统。规划申请中应体现有足够的能源空间来满足更高的电力需求；不会增加额外的私人车辆，避免造成当地交通拥堵。

生态城镇的设计应考虑如何使学生能安全便捷地步行或骑车上学。在无地形因素或其他自然条件限制下，11岁以下儿童从家到学校的最远步行距离不能超过800米。

1.5.5 小结

以英国三个生态城镇交通规划为例，通过对它们进行对比分析，借鉴生态低碳交通规划理念和技术方法，总结生态城镇交通规划体系，为破解我国交通难题提供思路，对科学合理的城市交通规划进行尝试和探索（表1–7）。

英国生态城镇交通系统生态技术 表1–7

生态城镇	内容
科提肖生态城镇	将建成拥有人行道和自行车道的安全且四通八达的街道网，实现步行、骑行机会最大化；同时注意要与现有的交通线路相结合，并且限制机动车辆使用，提倡步行和骑自行车
中部昆顿生态城镇	建设一个全面的交通体系，尽可能地选择步行和自行车出行，减少因使用私家车而产生的二氧化碳排放，具体包括建成步行社区，使汽车出行率减少50%，建设专用的自行车林荫道及连接斯特拉特福德和赫尼博纳的公交线路，保护周边村庄安静的交通环境

续表

生态城镇	内容
福特生态城镇	在生态城镇中将有60%的出行通过自行车和公共交通实现；对外交通非常便捷，80%的车次将在福特、博格诺里吉斯和利特尔汉普顿之间行驶；改造后的火车站将提供全面的残疾人通道，提高站台容量以方便长途旅行；在交通枢纽地带还提供使用非化石燃料的汽车以保障快速低碳的换乘，以及便捷的人行道和自行车道；建立交通出行信息平台

1.6 英国生态城镇水系统规划分析

1.6.1 英国生态城镇水系统规划的背景与经验

英国从20世纪60年代开始关注生态环境用水，目前已经形成了比较完善的规范和保障体系，其中供水水质要求、可持续排水系统、先进的水务管理、地下水资源保护等方面的成效较为突出。[43]

1）通过立法保障高水质供水

英国通过立法等一系列措施，部分地区逐渐发展成按小流域与按行政区划对水资源进行统一管理和分配，由法律授权的水资源管理机构进行统一的调配。[44]

英国人素有生饮自来水的习惯。为了达到英国国家供水水质规范对龙头水水质的要求，政府大力推进水厂建设计划，有效地加强水处理，甚至包括水味优化能力。

英格兰和威尔士的饮用水水质须符合英国政府1989年颁布的国家供水水质规范，该规范把1980年欧洲经济共同体的饮用水水质标准要求列入了英国法律。除此之外，还引入了世界卫生组织饮用水水质准则中的一些参数作为指导。[45]

2）可持续排水系统

“可持续排水”是英国政府极力推广的一种新型排水理念，旨在从排水系统上降低城市在极端暴雨天气时发生内涝的可能性，同时提高雨水等地表水的利用率，并兼顾减少河流污染、维持和恢复自然水流、改善水资源与美化市容市貌等。

根据英国环保局的定义，“可持续排水系统”包括对地表水和地下水进行可持续式管理的一系列技术。例如在条件允许的建筑屋顶上种植花草用于拦截雨水；庭院里设置雨水收集设施，所收集的雨水用以浇灌花园和冲洗厕所；路面铺设可渗透材料，可部分替代传统下水道、排水沟的功能；路边挖沟渠，填满瓦砾石子，以减小暴雨的水流流速和流量。

3）先进的水务管理

1974年4月1日英国正式成立了10个水务管理局，负责在特定的流域内对所有的水务管理机构实行统一管理。其中泰晤士税务管理局首次在其流域内实行了统一管理、统一规划、统一开发、统一保护，这种做法避免了部门分割、各自为政的弊端。[46-47]

4）地下水资源保护

英国形成了一整套科学合理的地下水管理与保护措施，主要包括：划定地下水源保护圈层；减少土壤污染对地下水源的影响；向地下水排放废物和地下水抽取均实行许可证制度；推广“良好农业实践准则”，引导农民科学合理地使用化肥和农药；减少或消除对蓄水层和地下水流的扰动与破坏。[48]

1.6.2 英国三个典型生态城镇水系统规划重点内容

1）科提肖生态城镇

（1）水循环利用

规划区内存储雨水和灰水等非饮用水。通过湿地特别是芦苇滩的自然清洁形成中水，通过渗透性表面、可持续城市排水系统（Sustainable Urban Drainage System, SUDs）和沼泽地、洼地等自然排水渠道收集雨水。采用适宜的措施进行废水处理，如使用自然渗透科技处理灰水。设计屋顶空间存储雨水，用于非饮用水用途。

（2）可持续排水

通过减少硬路面积降低排水量，采用可渗透表面及创新型景观措施（如可持续城市排水系统）。尽量减少建筑污水排放，避免污水与地表水的混合，使用可持续排水系统远程控制地表水以避免外流。

（3）保护和改善水资源环境

规划区建设可持续的水资源管理系统、可持续的城市排水系统和地表水净化系统。为居民提供可供收集、存储及合理利用的雨水及其他灰水，降低建筑物内饮用水消耗，并按需要推广屋顶绿化技术。

2）中部昆顿生态城镇

（1）水循环利用

收集并循环利用生态城镇的大部分雨水和中水。通过用水高效机制和可替代水源，例如雨水、暴雨收集系统和中水回收利用系统，来提高水资源的利用效率。从商业楼和住宅楼楼顶收集雨水，用雨水冲厕所、洗衣服、灌溉等。

（2）可持续排水

采用可持续的排水系统，强化与综合利用小溪、河道、芦苇滩与湖泊等资源的自然净化能力。改善水质与强化溪流、河道、湖泊等排水、蓄水功能，使其发挥“城市可持续排水策略”的作用。

把可持续的城市排水系统连接成网，更自然地处理与管理地表水，通过建造绿色屋顶、低洼地、可渗透人行道、池塘、湿地和芦苇地收集从雨水收集系统中溢出的水流，降低地表水对水源质量的影响与造成洪涝的风险。

（3）保护和改善水资源环境

节约用水，安装智能水表促进居民节约行为，安装节水装置以最大化地减少饮用水量。应用膜生物反应等方法处理废水，用于副食供给村和绿化用地的灌溉。处理过的水还可以作为调节性水资源，保证干旱时期的河泊等自然水系统的水源，使生物与环境受益。

3）福特机场生态城镇

（1）水循环利用

提高家庭和办公用水效率，加强系统排污能力，回收利用经过处理的水作为住宅和其他用途的非饮用水，如冲厕所、洗衣和园林灌溉。冲洗厕所的水经处理后，还可进行间歇性灌溉及潜在含水层的补给。

（2）可持续排水

所有废水收集到南部污水处理厂进行处理。排水系统与土地排水策略相结合，通过原有的运河、主要河流网络加强地表水排水。并通过管理培训加强防洪措施和区域管理途径，保证排水系统尽可能模拟自然水循环，而实现可持续排水。

（3）保护和改善水资源环境

最小化使用水资源，提高水的利用效率，转变人们的消费文化心理。消费者可以通过自己的行为和使用节水产品来减少水资源的浪费。在可持续供应的前提下，自来水厂、自来水用水装置与管道工、建筑工、消费者、政府等都将影响水的利用效率。

加强污水处理，保证处理后的水质必须达到一定的要求，以利于循环使用。

通过两种途径平衡用水。一是循环水作为补给水源，农业需水量大，主要由附近的私人管道供水，尤其在夏季南部沿海地区的旅游和灌溉需水量会增加，循环水可以作为补给水源；二是推动间接水循环计划，将间接水处理为标准洁净水，补给地下蓄水层，使含水量达到平衡。

阿伦区议会的战略洪水风险评估（SFRA）认为福特机场生态城镇的发展使河流潮汐泛滥的风险很低。该项目提供了一个低风险的安全洪水发展区，降低了对防洪系统的依赖性，也促进了淡水和咸水环境的生物多样性。

1.6.3 英国典型生态城规划特点比较分析

1）共同特点

（1）注重水循环利用

三个规划选址区域的水资源较丰富，水源总体充足。英国的给排水设施技术规划建设方面的基本技术已经成熟，所以生态城镇规划中更强调水循环利用，主要突出了雨水收集和处理后的中水利用。

对雨水通过渗透性表面、可持续排水系统、沼泽地、洼地、自然排水渠道、商业和家庭建筑物楼顶等途径收集，用来冲厕所、洗衣服、灌溉等。在商业区和工业区内尽量回收废水。通过膜生物反应处理、芦苇湿地的自然净化产生中水，用于灌溉副食供给区和绿化用地等。

（2）落实节水策略

节约用水，减少水的供给量。多渠道开发利用再生水等非常规水资源，减少对传统水资源的需求量。利用非饮用水源满足非饮用水实用需求，降低建筑物内对饮用水的消耗。消费者可以通过自己的行为和使用节水产品来减少水的浪费。

（3）采用可持续排水系统

在三个规划中均强调了可持续排水系统，在排水策略上尽量做到生态与可持续，减少对环境的污染和对水源质量的影响。通过减少硬路面积降低排水量，采用可渗透表面及创新型景观措施及天然的排水系统，综合利用小溪、河道、芦苇滩、湖泊等资源的自然净化能力，通过建造绿色屋顶、低洼地、可渗透人行道、池塘、湿地和芦苇地等措施将可持续的城市排水系统连接成网。这样能更自然地处理地表水和从雨水收集系统中溢出的水流，并能降低地表水对水源质量的影响与洪涝风险。

（4）优化水环境

三个规划均注重湿地景观的建立和生物多样性的保护，在优化水环境的同时增加了场地对环境的积极影响。生物多样性栖息地包括开阔的水面、沼泽湿地、芦苇丛、毛白杨林地和草地。

2）各有侧重

（1）重视水系统的不同方面

各规划所重视的水系统不尽相同，分别以水资源保护、保护和改善水资源环境、水循环为侧重点进行了描述。

（2）采取多种污水处理方式

福特机场生态城镇强调加强与保证污水处理厂的污水处理能力与处理量。

科提肖生态城镇还使用自然渗透技术处理灰水，通过湿地特别是芦苇自然清洁形成中水，以便循环利用。

中部昆顿生态城镇提出在废水循环方面用膜生物反应处理废水后，质量能达到副食生产区和绿化用水的要求。

（3）提出特色措施

科提肖生态城镇水资源利用方面提出按需要推广屋顶绿化技术，促进雨水收集。

中部昆顿生态城镇在节水方面提出安装精密水表，使居民了解家庭的用水量，采取安装节水装置等办法减少用水量。

福特生态城镇在洪水风险方面提出了很详细的防洪减灾策略。在可持续排水方面提供了低洪水风险的安全发展模式。

1.6.4 生态城镇生态水系统规划建设导向与要求

英国《生态城镇规划》政策对水系统规划的要求具体如下：

在整个开发过程中，生态城镇应致力于提高水利用效能，特别是在用水压力较大的地区，并对需要改善水质的地区做出贡献。

整个生态城镇规划申请中应包括水循环策略，该策略将为必要的用水服务基础设施的改善提供一个方案。水循环策略的研究应与利益单位合作，包括地方规划部门、环境署以及相关的用水与污水排放公司。该策略包括：①评估建议书中的用水方案对供水公司水资源管理框架内的用水需求所带来的影响，并制定政策来限制新住宅或非住宅建筑的额外用水量；②论证说明生态城镇的开发不会造成任何地表水或地下水的恶化；③制定相关措施来改善水环境，避免地表水、地下水及局部河道造成地表洪水。

生态城镇的水系统规划应该注意以下方面：①在水循环策略中包含改善水质的措施，以及通过管理地表水、地下水与下水道避免发生洪水的措施；②除条件不允许的情况外，水循环策略中均应包括可持续排水系统，如在相关《地表水管理方案》中规定要避免地表水直流入下水道。

生态城镇规划中应包括对可持续排水系统的长期维护、管理与利用措施。

生态城镇如果位于用水压力较大的地区，应追求用水平衡，即在开发的同时不会增加大区域范围内的用水量。水循环策略的制定尤其应体现出：①发展规划的设计和实施能够限制新的开发对水资源利用的影响，必要时可采取额外措施，保证更大区域内现有建筑的用水能够平衡；②新住宅建筑的用水需求应符合《可持续住宅标准》中的五星级标准；③新建的公共建筑中应配备必要的设备，达到高于家庭使用标准的水资源利用效率。

1.6.5 小结

三个生态城规划中的水系统规划均把握了如下的规划理念：通过雨水的回收、污水的处理和中水的利用，透水地面，湿地保护与建设以及节水等途径实现整个水系统的清洁与循环利用；将对自然水环境的影响降到最小；避免对河流和地下水过多得使用；同时减少降雨导致洪灾等危险；从水源、供水、节水、净水、循环利用、排水等环节实现最优化，并保持湿地、河流、湖泊等自然水系的水质、水量和自身安全性，最终实现水系统的生态化状态，实现生态城镇水系统方面对自然环境的干扰最小化和良性循环的基本目标（表1–8）。

英国生态城镇水资源系统建设 表1–8

生态城	水资源配置
科提肖生态城镇	尽量减少建筑污水排放，避免污水与地表水的混合，使用可持续排水系统远程控制地表水以避免地表水的外流

续表

生态城	水资源配置
福特机场生态城镇	利用当地已有的南部污水处理厂为生态城镇的建设提供污水重新利用的机会，提供非饮用水； 回收处理的中水用来作为居住和其他用途的非饮用水源，例如冲厕所、洗衣用水，还可以用来美化环境和灌溉园林； 加强污水处理厂的处理能力与水平，使处理后的水达到一个合格的水质
中部昆顿生态城镇	安装智能水表，促进节水； 种植抗旱作物作为观赏景观，在开发过程中，安装节水装置； 收集和循环利用雨水； 利用膜生物反应处理废水，使水质达到用于灌溉和绿化用水的标准； 通过建造绿色屋顶、低洼地、可渗透人行道、池塘、湿地和芦苇地等措施，形成自然排水系统

1.7 英国生态城镇能源规划分析

1.7.1 英国生态城镇能源系统相关规划发展背景与经验

1）英国持续推进能源系统改革和创新

19世纪70年代石油危机以来，英国能源战略面临两大挑战：一是使用化石燃料产生大量污染物导致的温室效应和空气污染；二是能源短缺。这也是英国能源战略要解决的关键问题，因此能源战略的主要目标就是提高能源利用效率，推动公司和个人的经济健康发展。21世纪以来，英国陆续出台了许多节能减排相关政策法案，这些都为英国生态城规划建设奠定了重要的理论基础。[49-50]

2001年英国开征“气候变化税”，主要是对使用电力、石油、煤炭、天然气等的能源企业和部门征收税金，有效地促进了企业节能和温室气体排放的减少。2003年，英国发布能源白皮书《我们能源的未来：创造低碳经济》，最早提出“低碳经济”概念。[51-52]

2008年，英国发布《英国政府未来的能源——创建一个低碳经济体》白皮书，称到2050年之前英国二氧化碳排放量将减少60%，并在2020年取得切实进展。其后，英国议会又通过了《气候变化法案》，引导英国向低碳经济转型发展。[53]

2009年，英国发布《英国可再生能源战略》和新的《能源规划草案》，明确提出核能、可再生能源和洁净煤是英国未来能源的三个重要部分。政府希望到2020年，12%的热量、10%的运输能源以及30%的电力将来自可再生能源，可再生能源使用率达到15%。[54]

2）节能减排方法与技术

英国低碳城市建设的体系已经初步形成，其相关政策法规的制定、低碳技术的研发推广及

公民的参与认知在世界上均处于领先地位，主要体现在以下5个方面。[54-55]

（1）使用清洁化石燃料

英国政府积极推动碳捕获和封存（Carbon Capture and Storage, CCS）技术的研发，将其应用于商业项目，并通过液化石油气等桥接技术的推广，大大降低了二氧化碳的排放量。

（2）推广可再生能源技术

英国政府对可再生能源利用技术（如地源热泵、太阳能热利用、生物质供热技术、水力发电、风能发电、潮汐发电等）的投资不断加大，对很多使用可再生能源技术的企业、个人实行奖励政策，大力推广可再生能源技术，使其在最大程度上得到应用。

（3）支持区域供热

英国政府极力支持在人口密集的城市或大型建筑物聚集地区（如医院、学校等）实行区域供热，通过大规模的能源发电提供增效节支，提高能源利用率，帮助消费者降低能源使用成本，同时降低二氧化碳排放量。

（4）鼓励热电联产

热电联产（Combined Heat and Power, CHP）同时产生可用的电能和热能，电能主要供工业生产，热能供居民采暖，热电联产的蒸汽没有冷源损失，所以能将热效率提高到85%，能源利用率可以得到很大的提高。英国政府鼓励工业热电联产，造纸业、钢铁和化学工业以及食品和饮料制造业已经是热电联产的关键用户。

（5）促进废弃物回收利用

英国废弃物规划的指导原则是最少的垃圾产生量和最大的回收率。回收利用的垃圾涵盖生产生活中的大部分废弃物。回收活动由垃圾管理机构主导，鼓励其他的合作者参与，以减少垃圾量，提高再循环比例，同时创造新的产业和工作机会。

1.7.2 三个生态城镇能源规划重点内容

1）科提肖生态城镇能源规划

（1）节能实现途径

通过最大化利用可再生能源、回收垃圾以及使用效率较高的热电联产项目来减少碳排放，实现能源的有效利用；为每个住户提供独立的生活垃圾分类和回收设施，与地方当局共同开发一个垃圾分类收集策略；为副业生产提供分类收集绿色废物和肥料。

（2）能源高效利用策略

①使用高于传统能源效率两倍的热电联产技术

热电联产通过燃料的高效利用来节约能源，减少污染。热电联产方式生产能源的效率是传统方法的两倍，碳排量则为其一半。热电联产日益与社区供热系统相连，用来为大量房屋提供热水与电能。

②使用生物燃料

使用生物燃料的系统比使用化石燃料的系统少排放90%以上的二氧化碳。使用生物燃料的系统装置比使传统方式的成本高，但是高出成本的回收期限仅为3~5年，而且诺福克地区拥有一个由许多规模较小的供应者支持的大型生物燃料供应商，使得生物燃料本身的成本较传统燃料低得多。

③开发利用风能

风力资源是100%的可再生能源，即使在不计算外部成本的情况下，与常规电力资源相比目前依然有成本优势。依照计划，科提肖地区每年将消耗电能100万千瓦时，而商用风力涡轮机每年能够提供高达6万千瓦时的电能。在屋顶安装独特性能的风力涡轮机，风力发电即可为个人使用，因此该方案值得开发。风力涡轮机的使用为该地区提供一种较好的能量来源的同时，也给了这些历史遗迹一个现代化的诠释。

④充分利用太阳能

科提肖拥有良好的日照条件，作为地区的广泛策略，所有建筑布局以最大限度地获取太阳能为目标，采用主动式或被动式的太阳能收集方式。

2）中部昆顿生态城镇能源规划

（1）建立零浪费零碳社区

中部昆顿的可持续发展战略涉及社会、环境、自然资源以及经济等方面，其规划和设计聚焦于可持续管理途径上，在设计、建设生态城等各个环节形成连续的可持续工作。

①零碳目标

规划中要求从太阳热能、地源热泵、空气源热泵、专用能源作物以及作物残渣中获取低碳能源，通过创新推广可再生技术、循环使用可再生资源，最大限度地减少资源浪费。

最终所要达到的目标：建筑物中能源的碳排放达到零净值；每人每年少产生5吨多二氧化碳，相当于全国人均二氧化碳排放量（其中不包括中央政府和固定设施的排放量）的40%；废弃物和材料的循环利用率达到60%。

②节能设计

采用最优被动式房屋设计标准，利用调整房屋的朝向、房间的布置和窗户设计等措施，减少建筑物对能源的需求。设计开发过程中通过设计能遮盖建筑物的绿色设施、采用能反射热量的“冷屋顶”等来影响小气候，减少夏季室内空调的使用。

（2）平衡能源供需关系

中部昆顿生态城镇能源规划中使用智能测能系统，平衡供求关系，并鼓励采购使用本地能源，避免能源在传输、存储中的损耗。

①设计智能测量系统

规划中设计了智能测量系统监测能量流，持续为用户提供能源使用的直接信息，反映地区内碳的排放情况。各栋建筑中的能源监测信息将传输到城市的智能测量仪表，城市的测量仪表通过分析数据，确定能源需求量，平衡供求关系。该系统通过避免储存和传输过程中多余能量的损失，来达到减少能源浪费的目的。

②采购并分配本地能源

能源策略规划中鼓励采购分配本地能源，采用社区自身生产的能源，可以减少能源在运输过程的损失，并且支持使用混合热量和能源，通过有效利用能源生产过程中所产生的热量，达到节能减排的双赢效果。

3）福特生态城镇能源规划

（1）能源发展战略（图1-3）

①从废物中获取能源

福特生态城的主要能源战略是将废物和厌氧消化系统作为能源获取的主要来源。从废物中得到的能源将被用于发电和发热，过多的热量将通过吸收式制冷机，用于商业制冷。同时制定了应急商业能源管理协议，规定不能将材料资源直接转化为燃料，而要将其转变为可回收利用的生物能，这样将大幅度提高资源的利用效率。

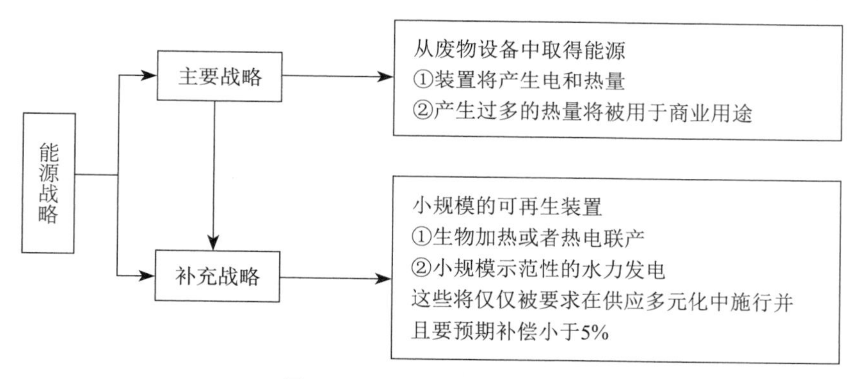

图1-3 福特生态城镇能源战略

②资源管理策略

资源管理的原则是摒弃废物的概念，重新认识正在处理的原料和资源。生态城镇将建设一个废物和能源处理中心，该中心对物质进行分类，并在此基础上进行加工处理，转化成新的物质或直接用于发电，实现物质的循环利用。

（2）节能设计与能源产出新技术

①节能设计

最有效的减少碳排放量和能源开支的方法就是采用被动措施减少建筑物中的能源消耗（表1-9、表1-10）。

福特生态城镇住宅楼节能设计 表1–9

住宅标准	节能实现途径
节能型住房的标准： 空间加热<15千瓦时/平方米 电器、生活热水和空间加热的总初级能源<120千瓦时/平方米	墙、屋顶和玻璃窗的高标准隔绝性设计； 规划和建筑上的被动设计； 低透气性设计； 尽量减少热交换的设计； 热回收系统； 智能测量
A/A+额定商品	只使用低能耗的电器
可持续住宅标准： 6星级标准	确保在能源、CO_2排放量、水、资源、地表径流、废物、污染、健康和福利、管理和生态环境等九大类指标达标

福特生态城镇商务楼节能设计 表1–10

商务楼标准	节能实现途径
优秀的建筑环境评价方法： 在2006年的排放目标下再减少50%	对墙、屋顶和玻璃窗有高隔绝性能、低透气性以及低热交换的设计； 尽可能的自然通风，或者高效率的空调系统，高效率的制冷机、热循环系统、变量泵以及变速驱动器； 建筑和规划上的被动设计； 从废物中获取能源，区域集中供暖制冷系统； 商业生物量的再利用

②能源产出新技术

福特生态城镇拥有良好的太阳能资源，因此将资源循环再利用技术和可再生能源利用技术纳入能源规划重点（表1–11）。

福特生态城镇能源产出新技术 表1–11

燃料	技术	产出	年产能力（兆瓦电力）
生态城镇生活废物 福特监狱产生的废物 场外垃圾衍生燃料	热处理氧化、高温分解、气化、等离子体	电能、加热和冷却过程产生的能量	12.0
生态城镇生活和监狱废物中的部分腐化物 福特污水处理厂的生物固体	生物处理	电能、加热和冷却过程产生的热量	1.0
可再生能源、建筑物上的集成能源	商业生物量 小型水力发电	电能、加热和冷却过程产生的热量、热水	1.5

1.7.3 三个典型生态城镇能源规划分析

1）共同特点

（1）能源利用要素多样

三个案例中均以利用太阳能、地源热泵、空气源热泵、专用能源作物以及作物残渣等自然能源为主要策略，以实现可再生能源利用的最大化。

（2）通过提高能源使用效能来实现节能目标

三个生态城镇的能源规划均是通过提高能源的使用效能来促进生态城镇的能源节约，提高能源利用效率，优化能源结构，减轻城市热岛效应，构建安全、高效、可持续的能源供应系统，开发清洁新能源，利用可再生能源，形成与常规能源相互衔接、相互补充的能源利用模式。

（3）地区可持续的能源发展战略

创新研发新技术利用新能源，尽可能从废物中提取可利用能源和优化设计能源需求，实现能源可持续利用和地区可持续发展。

（4）注重对废弃物的规划

对建筑垃圾、生活垃圾、住房垃圾的处理与回收分类型进行说明，将可利用的废物以原料的形式应用于能源再生产。垃圾管理措施依照可持续能力分级如下：降低垃圾产生量→重新利用→回收→循环利用→堆肥→生产能源→垃圾处理。

2）特色对比

福特、中部昆顿、科提肖三个生态城镇都单独对能源进行了规划，提出了提高能源使用效率、减少碳排放、开发新能源和废物循环利用等目标，但是实现路径、技术方法、规划重点等都各有特色（表1–12）。

生态城镇能源系统规划特色 表1–12

	中部昆顿	福特机场	科提肖
能量测试方法	通过城市的智能测量仪表分析数据，确定能源需求量，平衡能源供求，反映城市中碳的使用情况	利用基础资料对生态风力、太阳能资源进行审查，并测算区域内建筑区的能源需求	通过计算每户家庭每年产生的垃圾量来测算可回收能源量
节能实现途径	依托本地能源来设计节能技术，以减少能源在运输过程中的损失，实现能源利用最大化	针对住宅楼、商务楼的节能需求制定了节能实现途径，并做了“能源来源——能源产出”的技术路线	对生活垃圾进行分类和收集，采用垃圾处理方法，提取能源，实现垃圾循环利用
规划重点	侧重对可持续发展途径的阐述	侧重于对能源评估方法的说明	注重对新能源、节能设施的利用进行规划
特色技术	对规划中提出的废弃物和能源利用技术进行可持续性评价，并采用了智能测试系统	提出废物处理的流程与中性碳能源计划，推广使用低碳和无碳技术	提出热电联产和风能发电方面的技术

1.7.4 英国生态城镇规划建设导向与要求

2009年英国颁布的《生态城镇规划政策》提出生态城镇零碳排放与清洁能源标准。

在生态城镇中，“零碳”的定义是：从整体来看，生态城镇中全部建筑物一年内使用能源所产生的二氧化碳净排放量为零，或者呈现出负增长趋势（该定义仅适用于生态城镇的整体开发，而不是单个建筑）。生态城镇的初步规划申请及后续规划中应说明如何实现零碳目标。

在说明如何实现零碳时，应将居民的医疗与社会保障需求以及由此产生的能源需求考虑在内。

在递交规划申请时应同时递交阶段性计划，而该标准的内容同时生效。在进行碳排放计算时不包含已排放的二氧化碳（例如在建设过程中排放的二氧化碳）和交通产生的碳排放，但应包括所有建筑物——不仅是居民住宅楼，还有作为生态城镇发展组成部分的商业与公共建筑——所产生的碳排放，净排放量的计算包括以下内容。

①利用当地能源时所产生的碳排放；

②从集中式能源网络输入能源时所产生的碳排放，这些输入能源的碳排放强度应符合《政府标准评估程序》（Government Standard Assessment Procedure）；

③本地工厂所生产的能源输出到集中式能源网络时所产生的碳排放。这些本地工厂能源生产的首要目的是解决生态城镇的能源需求，其能源生产能力与生态城镇的总体能源需求密切相关。

1.7.5 小结

节能建设是生态城建设的重要内容。三个生态城镇规划中，关于能源规划的内容穿插于城镇各个职能部门。目前，能源利用规划越来越多地应用于生态城建设中，清洁能源的引入丰富并促进了生态城能源利用规划的内容。英国这三个典型生态城镇的规划中对可再生资源的利用指标都有较高的要求，技术措施都详细明确，具有较高的可操作性，值得我国城市规划学习和借鉴（表1–13）。

生态城镇能源系统规划 表1–13

生态城镇	内容
科提肖生态城镇	最大化地利用可再生能源，如风能和太阳能； 所有建筑布局以最大限度地获取太阳能为目标； 采用主动式或被动式的太阳能收集方式； 利用热电联产的方式为大量房屋提供热水、电能，同时考虑利用风力涡轮机发电作为补充

续表

生态城镇	内容
中部昆顿生态城镇	尽可能循环使用资源； 最大化地利用可再生技术和可再生能源； 采用高品质的设计方案减少能源的需求，包括为了利用太阳能，充分考虑建筑物的朝向，房间的布局和窗户的设计； 在屋顶大量安装太阳能热收集器来加热水，用地面和气源热泵供热和制冷，满足生态城约40%的能源需求； 在社区能源中心安装先进的、碳排放量非常低的热处理流程，为社区供热
福特机场生态城镇	采用被动措施来减少建筑物中二氧化碳排放量和燃料开支； 通过废物和厌氧消化系统取得能源； 从废物中得到的能源将被用于发电和发热，过多的热量将通过吸收式制冷机； 充分利用生态城地区丰富的太阳能资源、风力资源

第2章

英国科提肖
生态城镇总体规划

2.1 概述

科提肖（RAF Coltishall）是前英国皇家空军基地，位于诺威奇（Norwich）以北大约14公里。该基地已搬离，现在这个地区被闲置，其未来用途也不确定。在英国这样的大规模待再开发的棕地进入市场非常罕见，它将成为该地区乃至全英国的一个重要机遇。该地区有可能为当地社区带来诸多好处，还能为诺福克（Norfolk）的生物多样性和排放目标做出重大贡献。虽然目前针对该地区发展已经有多种提案，但还没有出台发展宗旨，而我们认为这些提案都没有充分考虑该地区的发展潜力。本规划为该地区的发展提供了一个愿景方案，希望能为生态城镇规划与建设提供更多思考。

2.1.1 区域现状

科提肖是不列颠空战时的英国皇家空军基地：

①260公顷（750英亩）已开发土地；

②1750米柏油跑道；

③311幢建筑物，包括1～3层建筑，以及较高的单层建筑，如飞机库和水塔等；

④现存建筑物可适应多种用途，包括仓储、办公和住宅、工业及社区配套设施；

⑤该场地不受环境或历史性遗址的约束；

⑥2006年4月英国皇家空军活动终止之后，依然有轻型飞机飞行；

⑦其在毗邻机场的拉马斯（Lamas）的房屋正在翻修。

2.1.2 区域发展方向

1）短期目标

应根据科提肖地区的规模，采取长远战略。其260公顷的区域不可能在一夜之间得到重建，而且若要充分发展其潜力可能需要20年的时间。在缺乏综合发展方案的情况下，针对现存建筑的再利用已提出许多方案，其中最有意义的两个方案是修建移民中心和修建监狱。而我们认为，该地区的用途远不止这些。

可选方案：

①修建移民中心；

②修建监狱；

③单一用途场地；

④零星分散发展；

⑤ 继续废弃。

2）愿景方案

我们的愿景方案是为诺福克提供一个有利于现有居民生活并使后代感到骄傲的永久性遗

产，一个能利用尖端技术进行资源再生、实施创新性环境管理生态区。人们将会看到的不是一个零散的或投机式的发展，而是一个能提供就业、住房和教育的、平衡且可持续发展的社区。新诺福克湖区（Norfolk Broad）将为大量的当地动植物种群提供栖息地。专用就业区能提供大量的技术与非技术型工作。简而言之，在这里，人们将安居乐业，幸福健康；在这里，爱护环境是一种享受，而非一件烦恼之事（图2–1）。

未来景象：

①一个零碳足迹的模范生态居住区；

②经济和社会的可持续发展；

③包含热电联合和风能利用的可再生能源解决方案；

④最大限度利用太阳能的设计方案；

⑤建设可持续的水资源管理系统；

⑥新增5000户不同面积、户型和使用权的生态住房；

⑦超过100公顷的湿地和开放空间；

⑧ 商业与技术园区。

图2–1　科提肖愿景方案

2.1.3 总体规划

考虑到该地区的面积和其位于通往浅水湖区的最西边位置，我们认为科提肖能提供一个创造性生活、工作和休闲模范地区。我们的远景规划是，利用尖端技术，将最优秀的区域文化和生态遗产相结合，将最先进的创意房屋设计和明智的空间处理相结合，以创建一个崭新的令人振奋的人与自然和谐相处的居住区。这种再开发风格既保留了传统又不乏创新（图2–2）。

图例

1 英国皇家空军科提肖的新大门　2 新村镇　3 主村镇公园　4 小学

5 托儿所　6 拉马斯现存房屋　7 遗留的机库——道格拉斯·巴德纪念馆

8 社区中心　9 热电联产厂、生物量仓库　10 遗留的控制塔　11 风力发电片区

12 市场广场　13 低密度生态岛住房　14 原跑道上的低密度住房　15 运动球场和亭阁

16 划分的地块　17 湿地中心　18 生态疗养地和旅馆　19 菜园

20 木板路和芦苇地　21 传统工艺培训中心　22 商业与技术园区　23 启动性经营场所

24 船坞　25 保留的历史遗址

图2–2 科提肖总体规划

总体规划设计集中了以下观念：

①住房、就业、零售、开放空间和休闲等功能空间紧密相邻；

②创新的生态户型和现代的建筑理念；

③拥有安全的人行道和骑车道以及四通八达的街道布局；

④主要街道和滨水地区的综合利用能提供本地购物和休闲场所；

⑤新增三所小学，以及成人培训场所和多功能社区公共设施；

⑥已有的人文遗产和保留的自然资源相结合；

⑦修建旅馆和道格拉斯·巴德（Douglas Bader）[①]纪念馆；

⑧提供广泛的就业机会。

2.2 愿景方案

2.2.1 一个真正的社区

从艺术品、手工艺品、乡村市场，到地方小酒吧和夏日集市，诺福克一直是一个以社区为中心的地区。我们的观念是着重捕捉这种社区意识，并把它引向一个新的水平，将高品质的现代环境与传统的社会价值相融合。

我们的目标不仅是建造一个住宅区，而是要建设一个自给自足的村镇，以综合用途为其核心。5000个家庭就能够维持一个拥有本地商店、咖啡厅、医疗保健、商业地段、公共设施和学校的充满活力的街区和滨水区域。“10分钟步行生活圈”也将减少驾驶需求，更为环保。

2.2.2 一个综合型中心

社区的综合型中心包括以下内容：

①综合型主街道通向湖区；

②灵活的地下空间能满足多种需求，并适时而变；

③小规模的零售业能满足当地需求；

④咖啡厅、酒吧、餐厅及酒店可以俯瞰滨水区；

⑤中央市场和每周一次的农民市场可销售当地产品；

⑥提供全科门诊和口腔医疗服务；

⑦配有体育馆、图书馆和与会议厅的灵活社区空间；

⑧有小学、幼儿园和托儿所；

⑨有小型企业单位和企业创业园；

---

① 道格拉斯·巴德，英国皇家空军少校，第二次世界大战中的空军英雄。

⑩有紧急救护服务站。

2.2.3 一片宜居乐土

一个社区的形成需要各种各样的人，更重要的是能吸引广大的社会阶层。这里明亮宽敞的别墅和公寓能满足各界人士的需要，使其在此安居乐业。无论是对想要组建家庭的单身青年还是对寻找退休天堂的空巢老人而言，科提肖生态友好型住宅都将为社区繁荣提供一切机会。

2.2.4 人们共同的家园

①“没有最好，只有更好”的生态家园；

②太阳能利用最大化和能源流失最小化的创新设计；

③适应新生活方式的灵活住房设计；

④户型多样、风格迥异的住宅：别墅、公寓、半独立和独立房屋；

⑤经济适用房：廉租房、共享产权住宅、公共服务工作者住房；

⑥各种密度的和有特色的区域；

⑦以当代的方式就地取材；

⑧便利、灵活、适应变化。

2.2.5 一项生态友好型开发

环境可持续性涉及两个主要因素：从自然界获取的用于建设和开发的资源量以及使用这些资源时产生的废弃物和污染物。在科提肖，建筑与开放空间的设计和布局通过对环境的有效保护和对资源的审慎管理来减少这些影响。

运用可再生能源技术提供能源，包括生物燃料驱动的热电联产和风力涡轮机。建筑物将采用最新尖端技术，以最大限度地获取太阳能，减少热能损失，提供自然采光和通风，减少水资源的消耗，最大限度地发挥回收利用的潜力。灰水通过湿地芦苇自然清洁，而且通过洼地和自然排水渠道收集雨水。居民可以在分配的土地上种植自己的有机食品，而合理布置的社区公共设施也将大大减少出行的需求。鼓励良好的环境管理并为房主提供足够的信息，以确保其能够最好地利用这些生态功能。

2.2.6 减少碳足迹

①可再生能源利用最大化，如风能和太阳能；

②太阳能利用最大化和能源损耗最小化的创新建筑设计；

③使用比传统能源效率高1倍的热电联产技术；

④用在诺福克生产的动植物废弃物作为燃料；

⑤根据环境绩效方法（Enviromental Preference Method, 简称EPM）来确定材料的规格；

⑥通过渗透性表面，可持续城镇排水系统（SUDs）和沼泽地收集雨水；

⑦建设芦苇湿地自然清洁灰水；

⑧通过合理的场地挖方和填埋来减少当地建筑废物，并再利用场地资源（如砖头和碎石）；

⑨为住户提供废物回收设施；

⑩步行、骑行机会最大化。

2.2.7　一个工作乐园

英国全国范围出现企业经营成本上升。城市中心附近的场地租金、运输问题以及大量的就业成本投入和日常的生活费用增大了企业的压力。在过去10年里，越来越多的企业从城市中心迁移到场地租金更便宜的地区。我们相信，科提肖占尽地利，把握了这一点，其美观的绿化和高品质的生活环境将能为新的商业和科技园区吸引一流公司，为其提供理想的场所。

充分利用居民潜能，为技术人员和非技术人员创造多种就业机会，其中包括随科提肖空军基地关闭而失去的就业岗位。这里将有完善的就业结构，不仅包括建筑类工作，还有教师、公园管理人员、商店工作人员、餐饮从业人员、清洁工、医生、场地管理员、生态学者、保健工作人员和维修工人等。我们还将提供各种培训机会，不仅包括建筑工艺，还有湿地管理等。

2.2.8　就业机会

①提供多样的技术和非技术工种；

②公园环境中的高质量商业和科技园区；

③提供商业培育场所和创业园；

④自由职业者和家庭办公者的理想工作地点；

⑤公园管理员、湿地专家和场地管理员；

⑥教师、医生和社区联络员；

⑦服务类，包括餐饮和清洁（物业）部门。

2.2.9　野生生物的天堂

全球范围内的湿地都面临着巨大的压力，诺福克湖区也不例外。诺福克郡的湖区是英国最大的受保护湿地，但是随着栖息地被忽视、改变和流失，在沼泽湿地里繁衍了几个世纪的野生动植物也已经消失。科提肖的重建为此提供了一个难得的机会——一个从头开始创造新的湖区和湿地的机会。对其设计的完全控制将确保栖息地之间的互补关系，即生物多样性的最大化，创造一个广阔的对人类和野生动物都有益的湖区。

生态学和湖区管理的专家需要继续大量的细节性工作才能得出设计终稿。

2.2.10　增加生物多样性

①已拨出约100公顷（约占场地40%的土地）来建设新的湿地；

②多样化栖息地将包括开阔的水面、沼泽湿地、芦苇丛、毛白杨林地和草地；

③超过10公里范围的丰富的原生灌木新物种与现有的地域边界连接，创造出一个广阔的野生动物走廊；

④新社区矮林地为本地提供建筑材料（如篱笆、生活围栏等）；

⑤以本地的栖息地来丰富当地生态系统并鼓励生物多样性；

⑥建设附带赏鸟设施和公园管理站的管理和教育中心。

2.2.11　独特的地方感

科提肖作为空军基地和不列颠之战[①]英雄道格拉斯·巴德的家乡，有着悠久而辉煌的历史。虽然这里没有建筑物可列入受保护类别，但我们认为应保持与过去有联系的东西，以纪念其历史。保留这些联系可以使居民有一种传承感——对共同历史的自豪感以及由此带来的归属感。

形成这些联系的不仅是文物建筑、充满历史线索的英式景观和有着丰富历史的广阔湖区、灌木篱墙、田野边界、风车和水塔等，湖区本身也提供了与诺福克历史的联系，仍能在我们心中产生共鸣。

2.2.12　保留地方传统

我们提议保留一定数量的重要建筑和特色性元素，其中包括：

（1）飞行控制塔；

（2）跑道和机场边缘区；

（3）防爆墙；

（4）三个飞机库（待进一步的改造研究）；

（5）全部的成熟树木和灌木丛。

我们还建议利用当地建筑材料和技术，以现代方式加以诠释，确保新的定居点植根于此地并享有诺福克独特的地方感（图2-3）。

图2-3　科提肖机场历史图片

2.2.13　一个学习的地方

一所小学的大门附近常常可以充当一个社区的核心——在这里，孩子和家长能结交朋友，

① 不列颠之战（The battle of Britain），1940年7～9月英德空军的一系列战斗。

获悉最新消息。基于这一点，尽可能地整合这些学校至关重要——将小学设在居民区中心临近其他设施的地方，并设计成多功能的。学校礼堂和健身房在不上课时可以充当社区会堂，孩子们周末可以使用运动场，信息技术（IT）设施可用于成人教育。依据经验，5000个新家庭可能需要三所小学。

2.2.14 终身学习

一生只从事一项工作的时代已经一去不复返了。许多成年人希望得到重新培训，以从事中年事业。考虑到这一点，这里将提供终身学习和技能培训设施。这些不仅包括信息技术和财务等热门学科，还有技术工艺等课程，例如修葺篱笆、砌石块墙和盖茅草屋顶等。这些技能将被用于开发过程，从而能在建筑形式和公共空间方面坚持悠久的东英吉利的传统和文化特色。

2.3 核心理念与策略

2.3.1 简介

科提肖的总体规划设计将遵循以下原则：

①可持续的发展形式；

②对气候变化的影响微乎其微；

③高质量的城市设计；

④均衡的混合用地；

⑤社区开发与整合；

⑥高品质和方便的开放空间；

⑦与现有的运输路线相结合；

⑧节制使用机动车辆，提倡步行和骑自行车；

⑨加强生物多样性；

⑩尊重历史和文化背景；

⑪尽可能减少浪费，循环利用材料；

⑫对可持续发展目标的实施监控。

科提肖具有从一块废弃的棕地转变为一个典型生态居民区的潜力，（对英国而言）这是具有全国意义的。因此该规划的设计是对其可持续性潜力的最大化利用，这一点至关重要。必须承认，改造应达到质变的跨越，即并非仅限于纯视觉方面的变化，而同样应用于气候变化、城市建设和新住宅区的长期管理工作。该构想围绕着发展活动的管理而进行，以减少污染风险，推进生物多样性保护的观念和目标。在开发设计中，我们将遵守所有相关的环保法规，并会在无明确规定的领域努力实行最佳做法。

1992年《里约宣言》(Rio Declaration) 确定的可持续发展的概念为:“发展既满足当代的需求，又不损害子孙后代的利益。”为实现这一目标，英国政府已确定了四个核心目标：

①社会进步要承认个人的需求；

②保持经济发展和就业机会的高水平稳定增长；

③实施有效的环境保护；

④审慎地使用自然资源。

环境、社会和经济问题在发展的基础上得到解决。规划中详细阐述土地使用的布局规划、面积大小和用途安排，一切根据社会公平性和经济的可持续性而决定。公共场所和私人建筑的能源供给应尽可能采用可再生能源。房屋设计需依照可持续住房的标准，且所有建筑将争取达到甚至超过有关目标（图2–4）。

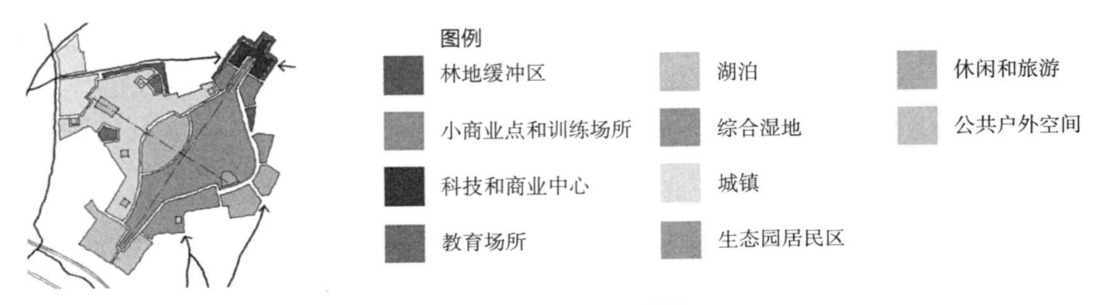

图2–4　土地利用配置图

2.3.2　出行影响最小化

在考虑科提肖地区构建生态城市方案过程中，最基本的一点是推出一个交通策略，即最大限度地减少私家车的使用，并为所有潜在的出行提供替代性可持续模式。在发展战略中，我们已经考虑了所有潜在的出行方案，包括上班、休闲、购物、上学等目的性出行，并为之提供了一系列的出行选择。

2.3.3　可持续的交通运输策略

优先开发的项目位于诺威奇东北部约12.5公里的地区，紧邻科提肖北部。连接科提肖和诺威奇之间的主要路线是B1150。该路线在诺威奇到谢林汉姆（Sheringham）的铁路线以西约6公里。目前，这条铁路线连接诺威奇与克罗默（Cromer）和谢林汉姆的沿海城镇。在诺威奇，城际铁路可达伦敦的利物浦街(Liverpool Street)、利物浦的莱姆街（Lime Street）和剑桥（Cambridge）。

作为预期发展计划的一部分，商业和住宅区相结合的方式将为居民提供步行和骑自行车上班的机会。建设规划将提供大量的社会基础设施，包括小学、中学、医疗机构、图书馆、银行和金融机构。发展措施还包括一个能提供基本购物场所和零售商店的社区中心，以满足地区休闲业的发展需求。该地区机构间的距离全部在适宜步行和骑行的范围以内，这样的住宅发展策略将大大减少私家车的使用。

1）公路通道

不可否认，即便该地区能提供广泛的服务，本地居民和游客可能还是想去诺里奇市中心寻求更广阔的就业机会、购物空间、社会机构和休闲设施。因此，建议改善从北集散道（NDR）到科提肖的B1150道路，同时改进一系列交通枢纽并扩建部分区域，以提供一条高质量的连接科提肖与拟建的NDR和诺威奇郊区的交通线路。

规划提议建设一条新的西部连接路，并作为高效的支路连接至科提肖村（village of Coltishall）。作为地区开发的一部分，这条支路将有助于大量转移村镇南北方向通过的交通流量，同时提供一个高质量的通往地区内部的公路网。

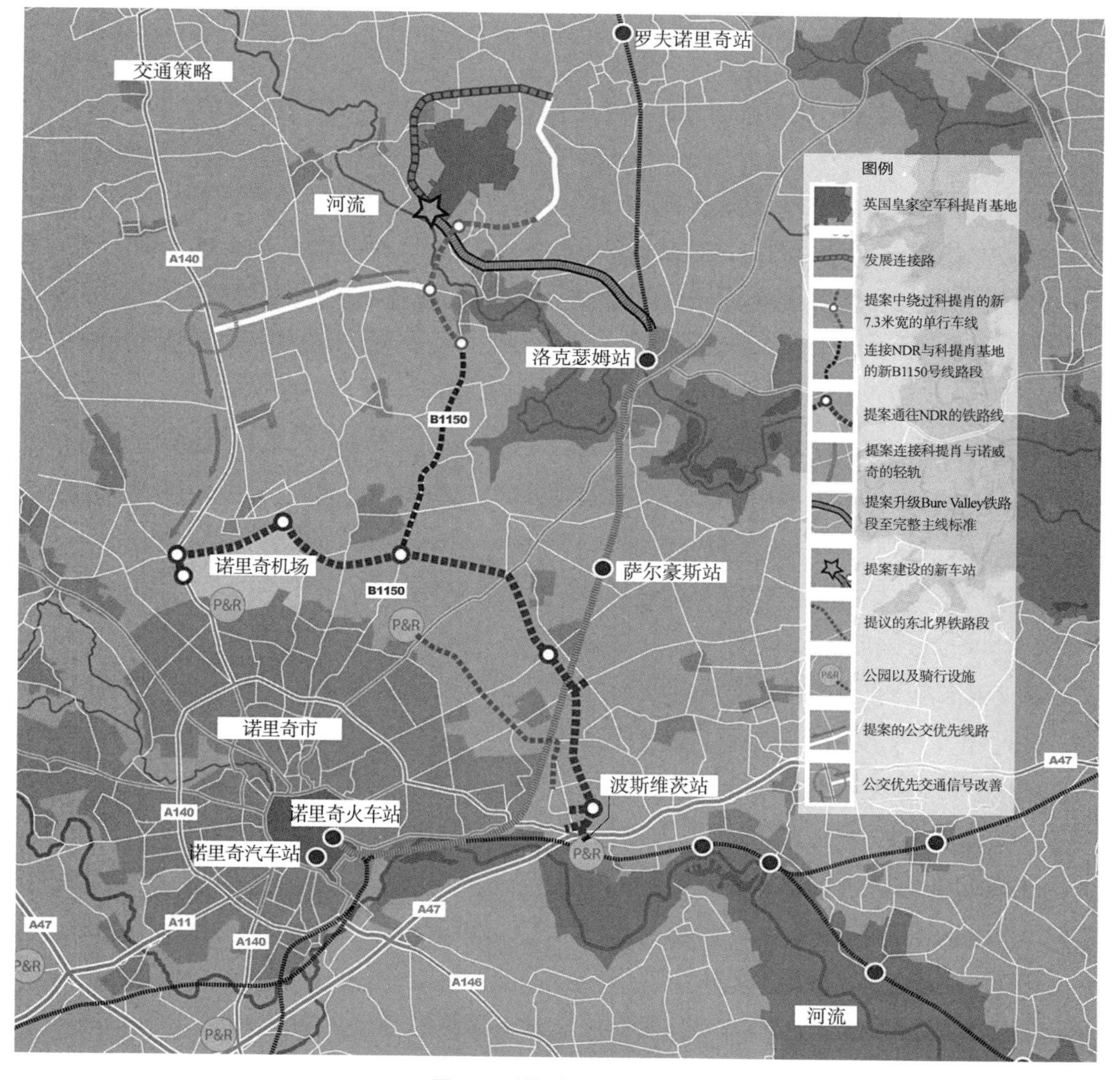

图2-5 科提肖交通线路图

主要建议：

①新建从本地到诺威奇市中心的轻轨“生态列车”铁路服务；

②修建高质量的人行道和自行车道；

③新的班车服务和公交优先原则相结合；

④通过升级线路B1150来加强行车线；

⑤在科提肖的西部建设缓解交通压力的道路。

2）铁路通道

开发成功的关键是能够提供一条完善的铁路线以连接基地与开发现场。目前，诺威奇到基地东部的谢林汉姆即比顿线（Bittern Line）大约有3公里的路程，中间有罗克瑟姆（Wroxham）和沃斯坦德（Worstead）两个站。布雷谷（Bure Valley）窄轨铁路紧邻南边界，连接了罗克瑟姆和艾尔舍姆（Aylsham）。该窄轨线以前是支线，现在用于休闲旅游。目前，由于北沃尔沙姆（Walsham）单轨段制约了比顿线增加班次的需求，从而严重限制了该线路的运行速度。因此，建议将现有的布雷山谷线上的基地到罗克瑟姆段升级为全面干线标准轨距要求。随着科提肖和罗克瑟姆段的改善，按照本规划将建立一个新站点，并建设可匹配干线列车的新月台和候车区。新改进的布雷谷段将在罗克瑟姆站连接到比顿线，这样从基地到诺威奇市中心将新建一条“生态火车”轻轨。该线路也将在湖区公园设站，连接基地和具有策略重要性的就业区，并在不影响主干线的情况下提供定时服务。

3）公交车

由于铁路的局限性很大，因此该规划还提供一条从该地到城市中心的新的定时公共汽车路线，连接开发区域与北部郊区的零售商店和就业开发区、诺威奇国际机场、停车换乘区和市中心。该路线将利用A140克罗默专线通往市中心。规划为该线路制定了一系列公交优先措施，并由公路管理局和公共交通运营商合作开发。

4）人行道 / 自行车道

该规划提供了一个范围较广的高品质人行道/自行车道设备网络，连接开发区内的主要设施。与此同时，作为B1150/连接公路改造的一部分，人行道/自行车道的设施将尽可能接近机动车道，并连接区域内的长途休闲线路。

5）出行规划

作为可持续发展的整体运输策略的一部分，方案中也将开发和考虑出行规划。这包括一系列出行激励措施和增强意识的方法。规划中建议，所有住宅将通过宽带交通网连接到中央信息收集站和主要超市采购点。将为住户提供优惠的公共汽车和火车票，还有详细的出行计划信息。同时，还将成立汽车俱乐部之类的机构。在实施过程中应与公路管理局协商，并由专门的出行计划协调员管理限制停车数量，以此鼓励当地居民使用其他多种的出行代步方式。

6）总结

科提肖生态城镇规划提出了一系列的综合交通措施。包括兴建新的连接当地到诺里奇市中心关键就业区域的“生态火车”轻轨。高品质的人行道和骑行道将方便当地人出行，还有新的公交优先原则，将该区域与诺里奇北部地区的主要设施相连并通过B1150道路的升级和新科提肖西部辅道建设为科提肖提供高速通道。

2.3.4 气候变化影响的最小化

英国家庭平均每年消耗3300千瓦时电能（英国电力协会数据）。2004年，英国产生了1.52亿吨二氧化碳。2003年英国的能源消耗总量在为3461亿千瓦时，其中只有1%是由可再生能源生产的。

可以预料，随着《京都议定书》期限日益临近所带来的压力，英国政府将进一步鼓励用户使用更环保的能源生产方式。

1）可再生能源

减少科提肖碳排放量的核心提议是使用可再生资源提供的能源支持发展，其目标是建立一个零碳的定居点。方案的深入还需要进一步的技术研究，初步研究重点将放在热电联产和风能发电上面。

（1）热电联产

纵观过去的几年，热电联产厂正是英国的主要发展领域，并为开发提供能源。热电联产通过燃料的高效利用来节约能源，减少污染。热电联产方式生产能源的效率是传统方法的两倍，碳排量则为其一半。热电联产日益与社区供热系统相连，为大量房屋提供热水、电能。

（2）生物燃料

使用生物燃料的系统比使用化石燃料的系统少排放90%以上的二氧化碳。现在生物质燃料可以用于热电联产，但是为了潜在收益的最大化，生物源需要建在离热电联产厂40公里以内的地方。对于诺福克来说，这是一个合适的选择——诺福克地区拥有一个由许多规模较小的供应者支持的大型生物燃料供应商。新的区域性安格利亚木材燃料项目有助于拉动该地区的需求，并鼓励副产品的生产——只要有需求，一切问题都解决了！

使用生物燃料的系统比使用传统方式的成本高，但是只需3~5年就可以收回多出的成本，更何况生物燃料本身的成本更低，另外还有引进取暖用木材燃料的津贴支持。另一种替代大规模生物燃料热电联产厂的方案是在住宅内安装小型生物燃料锅炉，这也是一个值得探索的方案。

（3）风力涡轮机

风力资源是100%的可再生能源，即使在不算外部成本的情况下，与常规电力资源相比目前依然有成本优势。依照计划科提肖地区发展后的规模，每年将消耗100万千瓦时。而商用风力涡轮机每年能够提供高达6万千瓦时的电能，这种方式可以为开发提供部分电力。风力发电可为个人使用，只需在屋顶安装独特性能的风力涡轮机。因此该方案也值得开发。

自从人类在诺福克开始农耕活动起，风力泵和磨坊就已得到广泛应用。我们认为风力涡轮机的使用不仅是该地区较好的一种能量来源，也赋予这些历史遗迹现代化的新生。

（4）太阳能

科提肖地区拥有良好的日照条件，作为地区的广泛策略，所有建筑布局以最大限度地获取太阳能为目标。采用主动式或被动式的太阳能收集方式与建筑物本身有关，这将在规划中生态村的部分讨论。

2）减少浪费

英国每年大约产生3.3亿吨的废物，有四分之一是来自家庭和商业，其余来自建筑及拆卸、污水污泥、农业废物、矿山废物和河流的疏浚。英格兰东部地区每年约产生2200万吨废物。如果这一速度持续下去，可用的垃圾填埋空间在5年时间内将被填满（资料来源：英国环境厅）。

因此，在科提肖的开发中，“减少，回收，再利用!”的口号将支撑整个开发周期中的废物运用策略。政府正争取提升开发商、商业人士和住户减少浪费的意识和责任感，因为安格里亚地区（Anglia region）填埋场预计将在5年内填满，寻求一条减少废弃物排放的创新型方式势在必行。科提肖地区内的建筑废物、家庭和企业的废物排放都要符合可持续政策要求。同时将制定废物回收目标，并密切监测。

（1）地形策略

地形策略的主要目的是实现挖方和填方的平衡，即开发区域的挖方和填方应尽可能地于本地域进行平衡。创建开放水域所产生的大量土料将被用于修筑夯土结构，为景观构建做出贡献或用于城区内建设，也可用于可持续排水沟渠和洼地用缓坡。基地边缘的树木和灌木需要得到保留（图中标记“中性地”），为了保护植被，地势的整体水平高度将不会改变。挖方的体积在这一阶段不可能精确测量，因为这取决于设计的细节。同时填方分配也将受到土壤类型和密实度的影响（图2–6）。

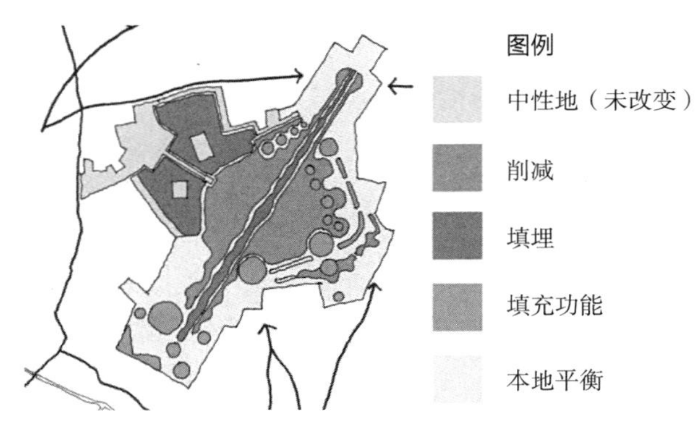

图2–6　科提肖地貌形策图

（2）建筑垃圾

目前，科提肖地区有许多建筑并不适合改建或保留，但这并不意味着它们将成为垃圾。如砖头、瓦片和水泥等建筑材料都可以用在新建筑物上。还有停机坪内的跑道也能用来建设新的道路和建筑物。预制的建筑构件也将有助于减少本地产生的废物总量。

无论在施工现场或建筑构件制造点都应采用能减少建筑废料的材料和技术。并考虑采用英国建筑研究所提出的“精明开端”（SMART Start）和“智慧审计”（SMART Audit）建筑垃圾管理方案，去评估、审计和减少垃圾的产生。

（3）生活垃圾

英国每户家庭平均每年产生约1吨垃圾，整个英国每年产生的生活垃圾共计约2700万吨。倾倒垃圾的总量在增加的部分原因是人口总数的增长，另外则是生活方式的改变，即增长的财富带来更多的消费，私人时间的压缩导致人们更加依赖打包好的方便食品。包装废弃物约占所有日常废物的四分之一，而其中大部分可以回收利用。

在科提肖，居民将承担环境管理职责：房屋在设计上必须易于实现垃圾的分类和回收，以便每周在街边定时收集。新规划也将鼓励堆肥——社区堆肥的倡议可能会鼓励园丁使用有机垃圾，为户主提供的信息材料里也将包括垃圾回收和堆肥指导。

生活垃圾填埋税目前为18英镑/吨，十年内将以每年3英镑/吨的速度增长。这项花费最终由各郡的纳税人负担。其中一部分垃圾填埋税可重新投入到一些改善环境的项目或可持续性垃圾管理项目的开发中。

垃圾管理措施依照可持续能力分级如下：

①减少降低垃圾产生量；

②重新利用；

③回收；

④循环利用；

⑤堆肥；

⑥生产能源；

⑦清除。

（4）垃圾的分类和回收

①为每个住户提供独立的生活垃圾分类和回收方法；

②提供现场回收设施，如盛放玻璃、废纸/纸板、塑料、金属和衣物的欧式垃圾箱；

③与地方当局共同开发一个垃圾分类收集策略；

④提供分类收集绿色废物并现场堆肥的方法，用于副业生产地。

（5）污水

①尽量减少建筑污水排放；

②避免污水与地表水的混合；

③使用可持续排水系统远程控制地表水以避免地表水的外流。

（6）环境管理

专为科提肖地区发展而制定的环境管理系统将解决整个开发周期中设计、施工和运营几个阶段带来的环境问题。我们建议，每一个阶段由一系列具体程序进行管理，该系列程序由设计管理规划、建设管理规划以及开发管理规划三个规划组成。上述程序包含的规划将用于实现前面提及的可持续性和环境优先性的设计目标。

2.3.5　一个崭新的诺福克湖区

湖区开发的主要原则如下：

①创建一个绿化空间网，丰富景观，并鼓励生物多样性；

②扩大和强化灌木区（长达10公里的原生灌木新品种）；

③保留现有的成熟树木；

④提供多样化的湿地栖息地，包括沼泽、洼地、沼泽林地、草地和苇丛滩等；

⑤管理各种便利通道，使大家共同受益；

⑥种植社区林地以满足防风、遮阴和地貌起伏所需。

1）导言

规划中，已划出约100公顷（占总面积近40%）用于建设新的混合型湿地栖息地。我们设想该栖息地应包括开阔的水面、水洼地、沼泽、芦苇地、林地和草地。通过恰当的规划，湿地能够为科提肖新居住区和周围区域带来诸多好处。我们的合作对象可包括湖区当局、英国自然保护组织（English Nature）、湿地生态系统的专家、学者以及当地利益集团在内的专业权威等。

我们将努力开发新湖区水管理潜能以及湖区生物多样性的潜力。通过合理平衡的景观类型，利用湿地自然净水、平衡地表水径流，并通过可持续城市排水系统来收集雨水，为人们提供健康舒适的环境，甚至将湖区作为居民水库。

2）景观策略

支撑景观策略的核心概念是景观和建筑的携手发展，并保证能维持平衡互补的关系，使人类和野生生物均能获益。

该地域大部分由平淡无奇的草地组成，因此可以改造成土地类型丰富且适宜当地动植物生存的混合型栖息地，以维护和加强以现有生态资源为支柱的景观规划策略，连接区域外野生生物廊道和栖息地（图2–7）。

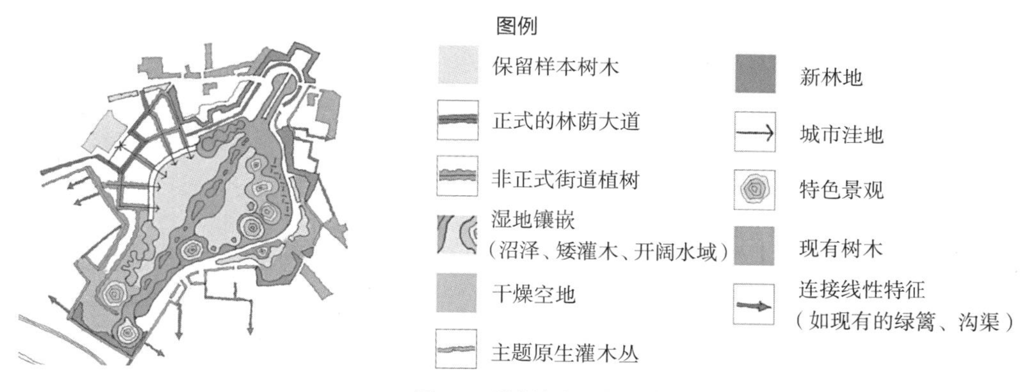

图2-7 诺福克湖区景观策略图

尽量利用本规划区靠近湖区国家公园（Broads National Park）的地理优势。湖区沼泽地有250多种植物，其中许多种类在英国其他低地区域尚未发现。丰富科提肖地区的景观是对我们的挑战，即建设和管理以该区域为主体的新生态资源，为该区域的生物多样性作出贡献。

而人造湖区的概念并不会起争议。以前湖区被认为是土地被淹没形成的自然洼地，但20世纪60年代经考证湖区是由中世纪的泥炭挖掘活动而形成，可追溯到以泥炭作为主要燃料的时代，即约在公元1100～1400年间。多年来，随着海平面的上升，煤坑逐渐被海水淹没。尽管建设了风泵和堤防，洪水依然持续，结果形成了今天湖区典型的芦苇地、沼泽地、湿地、林地组成的景观。

3）生物多样性

生物多样性被公认为是可持续发展的一项重要指标，通过提高生活质量、地方特色、终生学习、休闲和旅游等方式为社会、经济、环境利益方面提供福利。

科提肖的生物多样性应在国家生物多样性行动计划（UKBAP）的指导下进行保护和提高，该计划针对英国未来20年保护和加强野生物种和野生动物栖息地制定了广泛的策略。国家生物多样性行动计划的总体目标是："保护和加强英国国家的生物多样性，并通过一切适当的机制加强全球生物多样性保护。"

与生物多样性行动计划同时推行的是英国国家和地方的可持续发展指标。诺福克地区生物多样性的补充规划中包含了科提肖，其景观和发展规划应满足本文件中提出的原则。

与英格兰和威尔士相比，东安格利亚（East Anglia）整体干燥度高出34%，平均气温高出6%，日照率高出6%，这使得该区域成为最干燥的区域。农业用地为主要的用地类型，占英格兰与威尔士高产农业用地的58%。

湖区拥有英格兰诺福克和萨福克郡（Suffolk）的大部分河流和湖泊，且容易通航，构成了一个通航网。湖区总面积303平方公里，其中大部分是在诺福克，有超过200公里的通航航道。拥有7条主要河流和50条支流，大多深度低于12英尺，其中只有13个能通航（图2-8）。

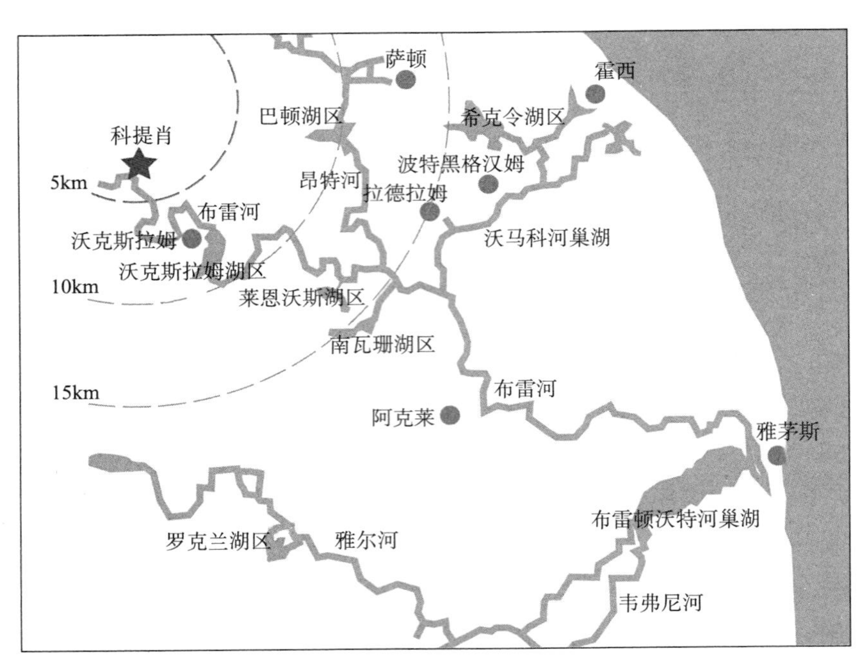

图2-8　诺福克湖区

大面积、开放的牧草湿地与低洼湿地之间形成鲜明对比，其中低洼湿地包括湖泊、水道、蒲苇沼泽、沼泽、沼泽林地和一些适耕地。

根据1988年《诺福克和萨福克湖区法令》规定，湖区和周围地域被列为特殊区域，并受到相当于国家公园级别的保护。从1989年开始，湖区管理局负责该地区的管理，并具有特殊的法律效力。

12世纪以来，诺福克的野生动物栖息地支离破碎成许多孤立的小型地块。近年来，这种趋势愈发明显，只靠小型自然保护区保护野生动物是远远不够的。野生动物在这种条件下难以生存，甚至自然保护区内的生物数量也在不断下降。现在人们普遍认为，作为一个整体，景区在管理中需要以生物多样性的观点为指导。现在重要的是开始重新将支离破碎的栖息地连接起来，通过建立生态网络使野生生物得以在小地块间迁移。这项工作随着气候改造将变得越来越重要，因为栖息地和生物都将努力适应快速变化的环境。

如今，湖区已被列为“特别保护区”（SPA）：

①发展不应导致生物多样性的丧失，理想情况下应该是增加多样性；

②保护重要物种的栖息地，使其免受开发的不利影响；

③避免开发带来的任何不良影响，尽量减少损失，及时弥补已经造成的损失；

④利用一切机会增加生物多样性，并为国家、区域和地方生物多样性目标的实现作出重要贡献。

4）规模问题

创造一个新的诺福克湖区是一项很有挑战性的任务。设计中规模的确定十分重要，如果意识到这一点，将能够为区域的生物多样性做出巨大的贡献。

我们给出了新湿地设计方案的规划蓝图，然而新湿地区域建设需要大量的专业知识来完成。在进行新的野生生物区域的设计时，必须同样认真考虑当地已有的栖息地，以及可持续的城市排水系统和净化地表水能力。因此最终的设计与本规划中的设计图可能不同，但核心思想将会保持一致。真正重要的是设计应最大限度地提高生物多样性，减少污染，使大家共同受益。

湿地附近的房屋也有可能成为它的一部分——因为排除人类参与的湿地管理的设想是没有道理的。大部分区域会向公众开放，但要通过栈桥和步道通行等控制措施来管理。通过林地或芦苇地间狭窄的景观进入开敞的沼泽、湿地和水面，会给人们带来惊喜。我们的设想里提供了就业机会，职务为湿地护理员，职责为保护环境，确保当地生态稳定发展并走向繁荣，并将对愿意在这些领域工作的当地人提供专门培训。

野生动物保护区并不是一个全新的概念，科茨沃尔德（Cotswolds）的“下米尔斯村”（Lower Mills Estate）是一个独特的房地产开发区，其包括180公顷野生动植物保护区。在此之前，多年的工业生产问题导致了这个区域的破败，但经过十年的改造，该地区成了一个大面积无污染的自然保护区。繁盛的植物群和动物群、安全边界以内专业养护的所有的森林、湖泊和草场，为多种定居和临时逗留的野生动物提供了栖息地。

5）一个新目标

这里在维多利亚时代末期建立了第一个提供客船和游艇的船坞。时至今日，湖区已经有了65座船坞，每年为超过100万的游客提供游船出租服务。然而，如此多的游客给周围的自然环境带来了巨大的压力。因此采用了限制措施，现在只有13个湖区可以通航。

在创建湖泊和湿地的过程中，我们也在考虑提供划船设施，以减轻其他13个湖区的压力。未来计划建成一个鱼类资源丰富的垂钓湖、欣赏野生动物的观测地，以及相关的自行车道、步行道，还有供儿童活动的障碍训练场和动物农庄，此外还将建成提供餐饮服务的茶馆、咖啡馆、餐馆和酒吧等。

所有这些都将有助于创建一个蓬勃发展的旅游景点，并且带来无限商机，其中包括新的商业机会、更多的就业岗位，同时能提高地方的财政收入。

2.3.6　一个新的生态聚居地

1）一个可持续社区

可持续发展的含义远远不止是能效。可持续发展地区是人们乐意居住和生活的地方，是人们一生都可以享受高品质生活的有吸引力的地方，是提供安全感、归属感、自豪感的地方。

可持续发展是对环境友好，适应环境变化的发展。地方遗产和特色得到很好的保护和延续，又能满足每个人的日常生活需要。

为了实现这些目标，良好的城市设计是制定决策的核心。房屋使用和选择的平衡、街道和空间布局和比例、建筑总体规模、建筑布局和个别建筑物的设计都必须以建设一个成功的和持久的地方而认真考虑。

以下关键特征被用于创建规划结构：

①现有建筑形态特征——位置、朝向及对称性；

②混凝土“边缘区”——现有道路网，连接规划区内各部分；

③跑道——因其规模和突出的线性结构而具有显著的特征；

④水泥防爆墙——拥有历史价值，同时为景观提供一定程度凸起地貌；

⑤控制塔——地标性建筑，界定一条中央轴线，拥有整个规划区360° 视角。

规划区内新增用地类型的分配的核心策略是尽量利用现有的地形和建筑物的空间关系、道路和植被的优势。现有空军基地布局对规划中的微气候调节和朝向控制有参考意义（图2–9）。

（1）土地使用策略

村庄主要集中在规划区西北部，可与拉马斯现有住房建立直接联系，并创建出一个整体的聚居地。其余的大片地区为开放空间，由混凝土边缘区域和跑道构成。在边缘区的现有湖泊基础上，将人工创建一个新的湖区。这个湖区是以跑道为分隔线的两个相连水体。北面为公共使用湖泊，提供水上运动功能，包括赛艇、划船和游泳等。南面设计成湿地自然保护区，为当地众多鸟类和鱼类提供栖息地，其中包括开放式水面、湿地、沼泽和林地。

湿地东部将规划兴建低密度休闲区，主要为生态酒店、水疗馆、餐馆及休养中心等。如果有需要，这片区域可以单独设置入口。位于划船湖区南部和整个区域北部的一些地方是高密度休闲区，其中包括正规与非正规的公众开放空间，这些区域可以通过现有的道路进入。在湖区的尽头是一个新的科技园区。所有这些地区的建筑都将设计为抵御寒冷东北风的形式（图2–10）。

科提肖生态城镇的城市规划目标主要有：

①有自己的独特性；②公共和私人空间清晰分隔；③户外环境美观，设计合理；④与外界通行方便，内部出行便捷；⑤形象明确，易于识别；⑥拥有发展潜力；⑦具有多样性和选择性。

（2）多种用地功能平衡

5000户住宅将为科提肖的各种用地提供足够的支持，提供多样化与均衡的用地类型，满足当地需要的同时达到规模适度，避免和附近的已建成居住区产生竞争。这个构想旨在建设一个混合用地功能社区中心，零售、休闲和就业用地沿高密度住宅分布，同时将建设一个大型中央公园。中心区周围将设置两个邻里社区，其中建有住宅、小型地方公园及一所小学。

图例

1-2 科提肖基地新入口
3 主乡村公园
4-5 小学和幼儿园
6 拉马斯附近现有住宅
7 保留的飞机库
8 道格拉斯·巴顿纪念馆
9 社区中心热电联产厂及生物原料贮存点
10 保留的控制塔
11 风力发电场
12 市场
13 低密度生态岛住宅
14 位于前机场跑道的低密度住宅
15 中等密度的房屋
16 事务所
17 船坞
18 保留的历史遗迹

图2-9 科提肖生态聚居地总体规划说明

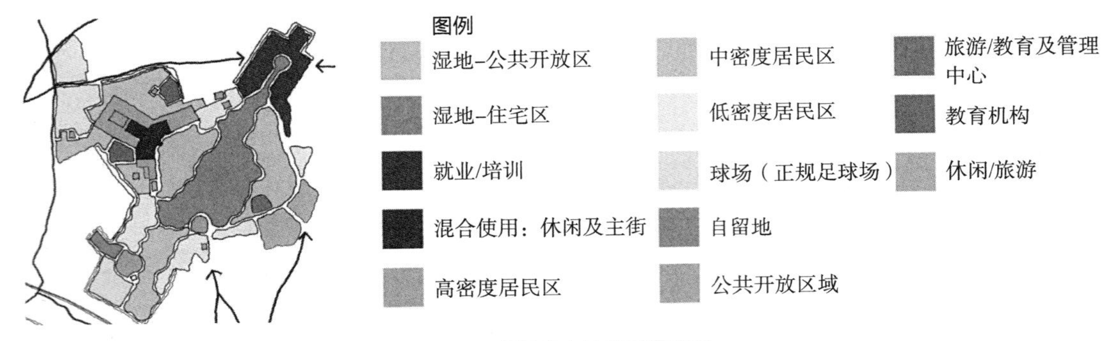

图2-10 科提肖土地利用策略图

（3）零售业

在我们的观念里，无论是在商业区还是在当地居民区，零售设施都是必不可少的。首先，最重要的是要有快速消费品公司的零售设施，用于存储各种当地产品和为普通超市提供更加便捷的食品。该规划的中心是一个商业广场，希望在此建立一个周末农贸市场。

（4）社区

社区建设同样是很重要的，包括三所小学和一个多功能社区空间。在与地方当局讨论后，还将可能建设其他社会设施，如“一站距离商店”和图书馆等。

（5）休闲

提供正式和非正式的休闲场所，如沿湖咖啡馆和餐厅、一系列公园和运动场地，当然还有湿地。也可能提供步行道、自行车及慢跑道和赏鸟、划船等设施。最后，不仅新的就业园区可提供就业，整个开发区中各种非技术性的服务工作和专业服务也可增加就业岗位。

（6）交通便利的、兼容的开发

该规划通过创建相互联系且易达的邻里社区增加便利性和地方渗透性，将人的利益置于交通之上，将土地用途和交通相结合。提供可识别路线、节点和地标建筑，使开发项目清晰明了，让人们出行方便。现有地标与长条形景观末端相结合，为整个区域创建一个可视化网络，帮助导航并提供美妙的视觉效果。

虽然挖方填方改变了地形，但其好处是大部分道路几乎是水平的，为社会各阶层提供便利，包括残疾人、老年人、推婴儿车的人等。街道的杂乱程度将被降到最低，并保持良好的照明，隐私和公共空间将通过环绕的开发项目清晰界定。房屋正门将朝向街道，同时可以俯视公共空间，使人们在白天感觉安全（图2-11、图2-12）。

（7）地方独特感

科提肖的地方独特性来自空军的历史和诺福克更为深厚的历史底蕴。许多现有建筑（包括控制塔）将被保留，作为开发区内的地标性建筑，能引发人们对机场无限的回忆。具有特色的对称性城市肌理将予以保留，并保留成熟的树木，赋予城市景观成熟的特征。

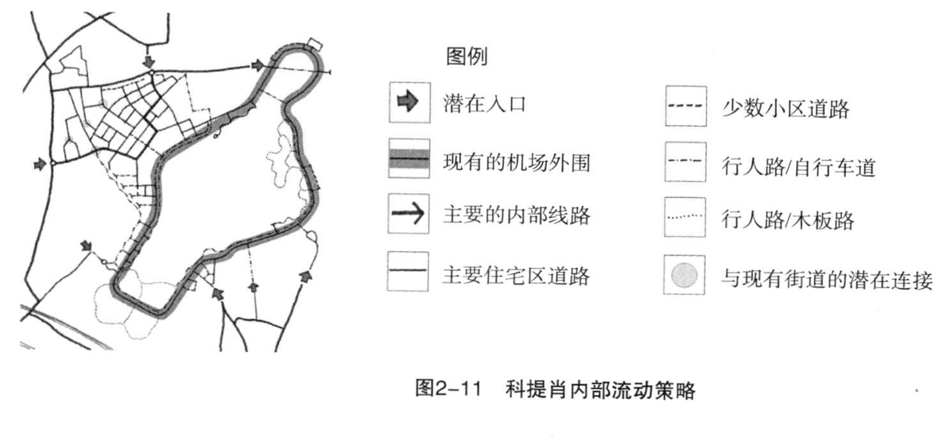

图2-11 科提肖内部流动策略

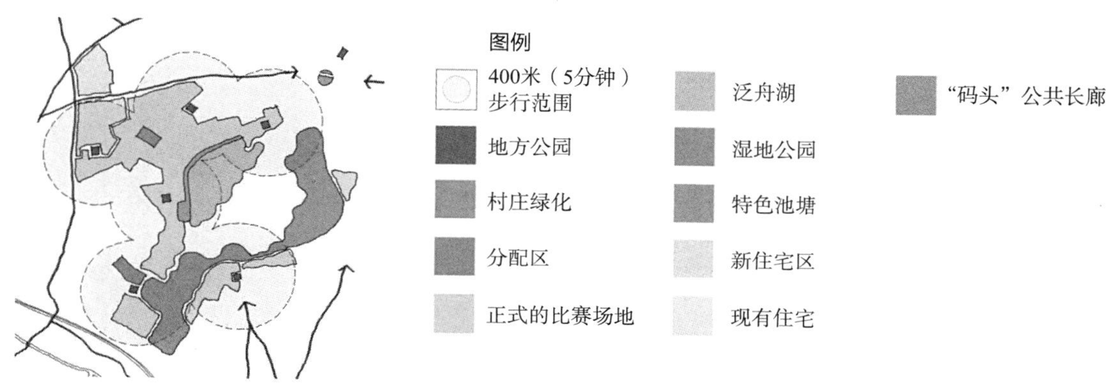

图2-12 科提肖开放空间策略图

（8）积极健康的生活方式

广阔的开放空间为市民选择积极健康的生活方式提供了条件。每个邻里社区都有地方公园，位于所有住宅250米距离之内，并附设娱乐设施及娱乐空间。方案的核心是一个大型的中央乡村公园，现有的许多成熟树种也将被保留。该公园将提供更丰富的设施，包括儿童使用的活动设施、多功能游戏区、草地及花园。

公共体育场馆位于规划区南部，有矮堤和植树遮阴。附近将开辟为副业生产地，鼓励居民自己种植有机水果和蔬菜。湿地提供更多的锻炼机会——在机场边缘地带步行或慢跑，或在木板路上散步。我们希望每个人都能在家门口欣赏到美妙景观。

按照规划概念，科提肖将提供75公顷住宅用地，共能够提供5000户住宅，其中30%为经济适用房，因此区域内将有1500套经济适用房。另外有15公顷住宅用地将划分为湿地低密度住宅区。

2）高质量的住房选择

一个地方要实现真正的可持续性，就必须有足够的有吸引力的住房，能最大限度满足居民的广泛需求。人们需要在其生命的不同阶段能够在区域内流动——第一次购买者需要的是过渡房或公寓，大家庭可能需要更多的空间，老人则需要可获得帮助的居所。科提肖的建房策略是提供多种住房相结合的形式。

（1）设计方法

采用传统材料和先进建筑技术相结合的房屋，打造与诺福克地区独特风格相协调的特色建筑，将过去和未来紧密衔接。

（2）生态住宅

我们主要推荐生态住宅，注重通过良好的设计和明智的决策减少发展的过程中对环境的影响。

（3）经济适用性住房

整个诺福克经济适用房的供应量明显下降，房价的上涨远远超出了收入的上升，平均房价在100000英镑左右，潜在的首次购房者没能力购买。

3）被动设计原则

（1）布局（图2-13、图2-14）

①通过合理的建筑设计降低公共空间和私人空间的被遮蔽范围；

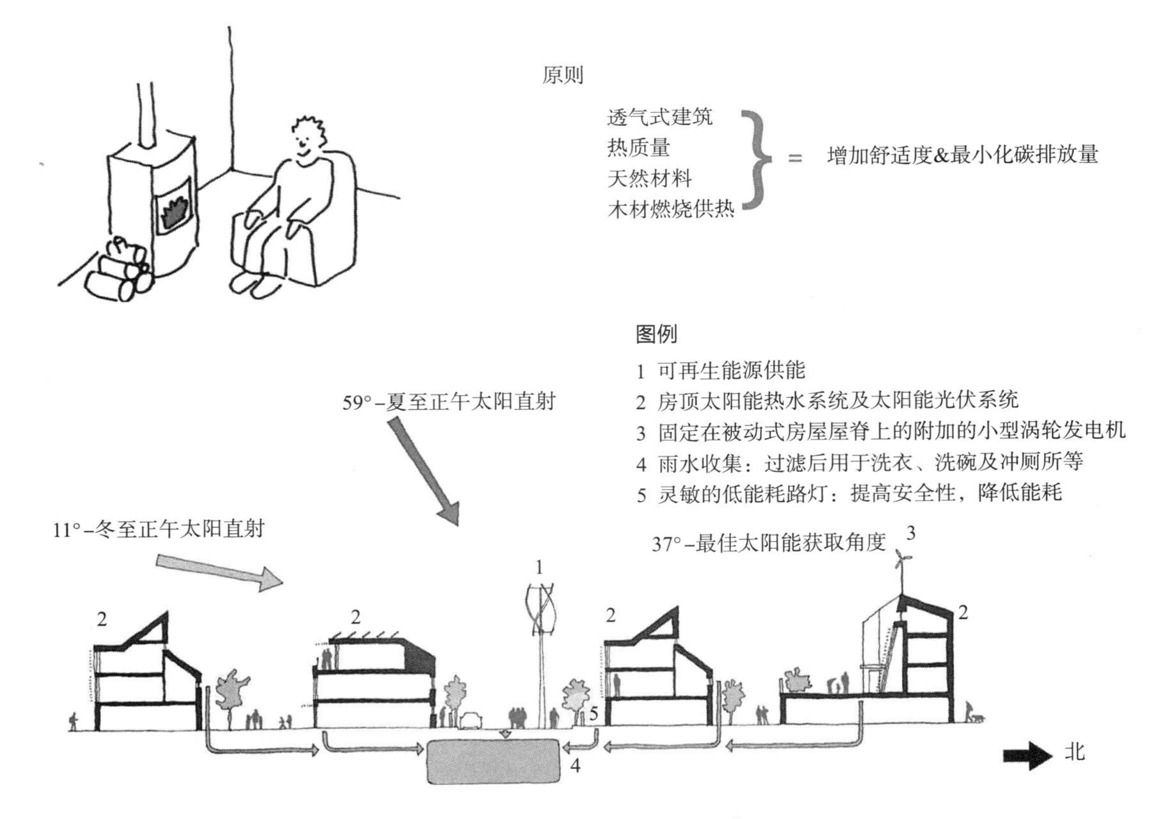

图2-13 最大化利用太阳能资源示意图

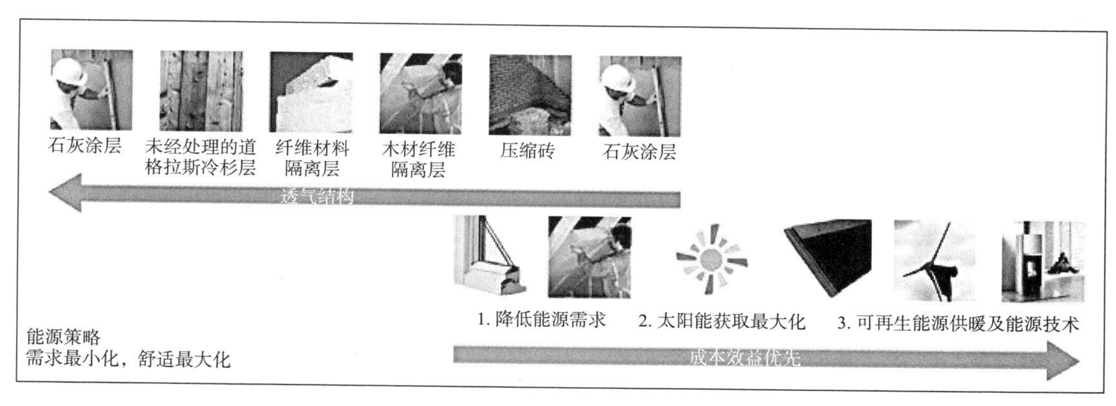

图2-14 能源策略图

②调整住宅朝向，最大限度地获取被动太阳能（该目标应与住宅的街道朝向性和围合空间相平衡——运用房屋类型规划，合理调整位置及朝向）；

③确保景观设计降低风及其他潜在的不良微气候影响，提供适当遮阴。运用计算机建模辅助设计，为居民提供良好的生活环境；

④运用紧凑型建筑降低能耗；

⑤提高建筑密度，降低实际能耗；

⑥降低客运和物资运输需要，雇用地方人力进行建筑施工，设计体现就近生活和工作原则，确保步行和自行车路径安全，舒适并且便捷；

⑦设计高品质、低养护的前花园，确保街道美观并得到长期养护；

⑧规划停车场地，减少混乱状况，保持街道美观。

（2）建筑材料

①考虑运用环境绩效方法材料规范，确保在方案制定过程中环境因素与其他如成本和审美等因素一起列入考虑范畴。这样才能减少废物，延长组成构件的寿命。提供最佳实践方案，设计需具有灵活性，并鼓励回收利用；

②使用材料终身评估制———些特定的材料可以在很大程度上降低建筑资源的消耗；

③最大限度地利用环保材料：减少使用不可再生的纯天然材料，增加可回收资源的使用；

④应用回收材料，特别是再加工要求最小的材料；

⑤在条件允许的情况下，建筑原材料和景观材料应从100公里内就地获得，从而降低能耗；

⑥使用合格的木材，最好来自森林管理委员会认证的林区——符合英国林地保障体系标准，或者废物利用的木材产品；

⑦对木材进行热处理，以延长木材的寿命；

⑧运用能减少材料使用量的建筑技术和材料；

⑨尽可能地预制建筑构件；

⑩建筑工艺上采用低碳方式，使用天然材料以提高舒适性（图2-15）。

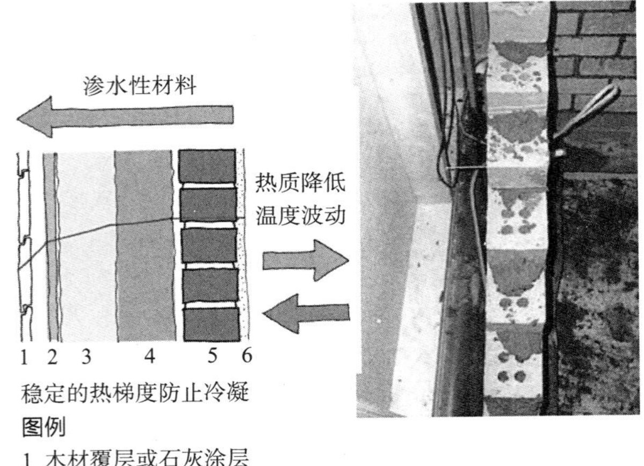

1 木材覆层或石灰涂层
2 透气性回收衬垫板
3 纤维材料隔离层
4 木材纤维隔离层
5 压缩砖土墙
6 石灰或黏土灰泥

图2-15 现代科技的使用

（3）低成本

①目标为零缺陷；

②低养护，未来可预期养护；

③运用适当的现代科技确保住宅高能效，降低建筑物的化石燃料需求量，并减少其他不可再生能源的使用量。

应考虑以下的几项技术结合方式：

①主动式太阳能收集使用主动式太阳能板，安装于朝南屋顶及建筑正面；

②被动式日照设计采用阳光室，太阳能吸热墙、热质量计等；

③紧密的建筑物外壁，渗透性低；

④良好的紫外线值及热量；

⑤能量评级，更符合建筑物能量需求的可再生能源；

⑥使用易操作装置及“A”级器械；

⑦运用适当的技术降低住户用水需求（参见水资源保护部分）。

（4）水资源保护

①规划区内存储的非饮用水来自雨水和灰水；

②为居民和其他住户提供可供收集、存储及合理利用的雨水及其他灰水；

③设计屋顶空间存储雨水，用于非饮用水用途；

④利用非饮用水源满足非饮用水需求；

⑤使用自然渗透科技处理灰水；

⑥通过减少硬路面积降低排水流失，采用可渗透表面及创新型景观措施，如可持续城市排水系统；

⑦减少室内饮用水需求；

⑧采用适宜的废水处理措施；

⑨尽可能推广绿化屋顶技术。

（5）面向未来的设计

①确保住宅“面向未来”，迎合不断变化的生活方式及不断进步的科技水平；

②灵活的房屋类型规划保证生活/工作需求，同时迎合不断变化的生活方式；

③所有住宅能够与科提肖的局域网相连，提供即时地方服务、组织活动信息等；

④为所有住宅提供可重新布线式光缆进户；

⑤安装初步信息通信技术分（ICT），包括提供英国电信电缆管道，同时为其他电信运营网络预留附加管道；

⑥管线安装不应与将来安装超高速数字用户线路相冲突；

⑦音频和数码接口应安装于每个居室，包括厨房。

4）环境设计的可审查性

最重要的是能够测量一个项目中的绿色标准，以确保可持续发展仍然是建筑过程中的重要目标。新的房屋将按可持续房屋的宗旨进行评估，以达到最高等级。建筑规则L部分强制要求对所有新建住宅实行SAP（标准评估程序）评级。理想情况下，科提肖的住宅应该最低会达到SAP标准100的水平。因为SAP只有关于空间和热水费用规定，所以应该采用更广泛的环境评价方法。

（1）可持续住宅标准

该标准是一种新型的准则，用于新房屋可持续性性能评定。对于大部分房屋，我们将努力达到高级别。

（2）全国家庭能源评级（NHER）

全国家庭能源评价是比SAP更准确的评价，考虑到当地环境及其对建筑物的能源评级的影响。它能计算空间和热水供应、烹饪、照明系统以及电器等消耗。住宅应按照不低于NHER 9的能源效率等级设计和制造。

（3）生态家园

生态家园计划是一项灵活且独立的住宅建筑环境评估手段，由英国建筑研究院（BRE）制定。它被用来衡量可持续方法与发展结合的客观程度，而且还将考虑住宅的采购使用和处置。

广泛的问题都将被考虑，包括气候变化、能源效率、内含能、交通工具的使用和臭氧层损耗。科提肖的住房最低应达到“生态家园”评级的“非常好”的标准。

（4）建筑环境评估体系（BREEAM）

在非住宅建筑内将使用“客户定制建筑环境评估体系”评价，这是英国建筑研究所评估中用于不属于住宅类或办公用的建筑物使用的评估手段。建筑环境评估体系评价建筑性能包括：管理、能源利用、污染、有关交通的二氧化碳问题，还有和区位相关的因素、生态、建筑材料和用水。理想情况下，非住宅建筑最低应该达到建筑环境评价“非常好”的级别。

非住宅建筑也应充分考虑任何相关机构制定的环境标准。例如，普通诊所应符合NEAT（NHS环境影响评价工具）所规定的标准，学校应符合（英国）教育与就业部（DfEE）的“建设通报87”和建筑研究能源保持支持单位（BRESCU）的“良好实践指导173”的标准。

2.3.7 技艺性就业：提供相应的就业

任何定居点要达到繁荣必须为居民提供各种赖以谋生的途径。我们的目标是，在科提肖提供足够的就业用地面积以及工作机会，保证当地适龄居民的就业。当然，我们也认识到不是每个在科提肖生活的人都会在这里工作，反之亦然。然而提供近距离工作和生活机会是真正实现可持续定居点的一个步骤。

科提肖为那些希望迁出市中心、迁往地租更便宜地区的企业提供了理想的选择。它颇具吸引力的绿化环境和高品质的生活环境是一个新企业和科技园区的理想地点，将吸引一流的公司。同时也将增加其他的就业机会，包括当时随着科提肖机场关闭而消失的服务业。开发项目将为技术和非技术工人提供工作机会：包括各种专业技能的建筑工程工作机会，如砌茅草屋顶；还包括教师、公园巡逻员、商店工作人员、餐饮从业人员、清洁工、医生、场地管理员、生态学者、保健工作人员和维修工人等。我们还提供了各种培训机会，不仅包括建筑工艺，还有湿地管理。

2.4 小结

我们为科提肖的未来描绘了一个远景，希望能给予人们一定的启发和指导。如果不是湿地，那么为什么不是林地呢？这一构想的优点在于，它是基于各个方面的考虑得出的。如果不能利用风力为什么不用太阳能？总体战略是重要的，但也需要加强合作、投入热情和着眼于未来，如此才能实现该设想。

这个构想具有挑战性，但并非不可能实现。这将需要政策和社区的支持、广泛的专业知识和坚定的信念。因此，科提肖确实有可能成为未来的示范社区。

这是诺福克的一个绝佳机会。良机莫失！

第3章

英国第一生态城镇
——西北比斯特规划

3.1 概述

西北比斯特是英国的第一个生态城镇，整个总体规划为比斯特带来了更多的住房和工作机会。其第一阶段被当作“范例”项目，这一阶段的规划于2012年7月得到规划许可。2013年11月总体规划提出并通过地方议会审批，阐明了地方议会关于西北比斯特生态城镇的宗旨、目标及相关事项。

西北比斯特受英国政府生态城市规划政策条款（PPS）制约。而在此之前，英国还没有任何一个生态项目能够达到如此复杂的生态标准。

这是一个充满活力的旗舰项目，它将为生态城镇带来投资、工作和住房。它将创建有弹性并安全的社区，将为追求更高生活品质的人们提供理想的宜居家园。以环境整合和区域长期愿景为依托，西北比斯特项目堪称史无前例的先驱性项目。①

房地产开发商A2Dominion担任此次西北比斯特总体规划项目的主开发商，同时该公司也是该项目一期“范例”项目的开发商。A2Dominion与查韦尔区委会合作，并邀请大量专家顾问提供突破性的方案。

即将开工的“范例”项目是总体规划的第一阶段，它将在西北比斯特创建多达6000户新型生态住宅及相应的工作岗位，并将阶段性增长。“范例”项目将在2015年迎来首批居民，预计整个阶段在2018年完成。

3.2 愿景

西北比斯特社区集绿色基础设施和高能效设计为一体，在保护和强化现有景观的基础上，从四个愿景入手为居民创建充满活力、高品质和可持续发展的社区。

3.2.1 空间愿景：为新的生活方式营造空间

在保持西北比斯特40%植被覆盖率的同时，作为先驱性项目，当地社区不仅要建造6000套未来型房屋，还将新建优质的绿色空间、一座商业公园及多处运动和休闲配套设施。

总体设计以四块城镇和四块乡村区域为中心展开，而二者之间通过“绿道”相互连接，其中包括直通和休闲两种线路，让每个人都能够在很短时间内从家里去工作，或去休闲场所娱乐和活动。

树木林立的绿荫大道、宁静的布尔小溪、风景如画的乡村边缘地带是新旧比斯特居民向往的主要目的地。它们符合全面整合城镇和乡村需求的总体规划目标。

---

① 感谢特里·法雷尔爵士提供了有力支持授权我方在出版著作中使用其有关资料。

我们将在此独特环境中建造可供数代人享用的高品质房屋，从首套住房到各种面积的家庭住宅、平房、养老护理设施，及其他所需的全部设施，以营造并支持充满生机的社区生活环境。

这些设施包括新的学校、社区中心、幼儿园、健身中心、城镇广场、社区农场、菜园、果园、乡村公园以及一块自然保护区。保护区内以草地为主，并在其中开辟并修缮可供所有人游览的水道。

为鼓励更健康的生活方式，改善可持续性的交通方式并为新创企业提供支持，新建的绿色基础设施将在本区域内推行可持续发展的实践行为。总之，我们将把该社区设计成一个所有人都有机会放飞身心的地方。

为鼓励健康饮食，我们配备了可食用的景观设施和用于种植本地食物的社区菜园，并计划在每个花园栽植果树。

3.2.2 能源和社会基础设施：高效利用能源

我们为西北比斯特项目设定的指导性原则是节能减排、再循环和再利用，并将在各个层面上全面落实。

所有新建房屋均采用最新型的节能建造材料和设计，目的是保证增加气密性、高效隔热保温、被动式太阳方位取向和制冷设计，以及最大限度地利用自然采光和通风。仅仅依靠自然条件，我们建造的房屋便可达到冬暖夏凉的效果。

雨水收集融入所有建筑的设计之中，目的是减少此宝贵资源的浪费。若降水过于充足，西北比斯特的可持续排水系统还可减少洪涝风险。

社区能源中心负责为每家每户提供暖气和热水，同时每家每户都安装太阳能光伏板，发电的同时也有助于减少能源的消耗，使得西北比斯特成为真正的零碳排放社区。

汽车在这里的使用率很低，这最大限度地减少了二氧化碳气体的排放。其原因是每家每户距离最近的公交站都不超过400米，步行去商店和上学的时间都在10分钟以内。周围有很多风景优美、视野宽阔的绿道，因此人们轻松即可实现骑车在西北比斯特内部和周围地区上班。如果通勤距离更远的话，人们可以选择路况更好的自行车和机动车道，其与通往牛津及周边地区的铁路站相连。同时每家每户都可获得实时的交通信息，人们可以更便捷地利用公共交通方式出行。

为了与生态原则保持一致，我们计划在西北比斯特项目开发过程中达到废物零填埋的目标。此外，每家每户将都配备标准的能源再循环设施，分配特定空间用于堆肥，并且鼓励居民通过免费回收（Freecycle）将不需要的物品进行回收。

3.2.3 可持续发展愿景：满足当前需要的同时不损害未来的需求

西北比斯特项目旨在向全世界展示可持续发展的未来，让人们在高质量的住宅中过承受得起、快乐和健康的生活，在善用各种资源的同时改善自然环境。

通过首创高规格的可持续发展结构和低碳材料的应用，吸引绿色产业，在整个城区内创造更多可持续发展产品和服务的需求，西北比斯特项目可谓是一个利在千秋的好项目。

通过举办教育活动和制定绿色出行规划安排，西北比斯特可为居民提供选择可持续发展生活方式的机会。在一期“范例”项目完成后，我们期望整个西北比斯特项目能成为旗舰型的“地球社区”。

我们一直致力于收集并传播从生态城项目中学到的经验，并为包括政策制定者、专家学者和普通大众在内的广泛受众提供激励。

由乡间小道、自行车道和一系列公交专用车道组成的交通网络意味着选择公共交通方式是更快速、更便捷的，人们能够选择可持续性的出行方式。我们还配备了汽车俱乐部和电动车充电点网络，对于那些仍需要借助汽车出远门的人，我们仍鼓励其使用混合或电动汽车。

西北比斯特的用水量将减少40%，这得益于所有建筑内的节水装置和雨水收集系统。雨水收集系统与可持续排水系统相连的，后者将有助于本地居民在节约资源的同时对环境进行保护。

3.2.4 社区愿景：全新观念和传统价值

创造一个充满生机活力的社区是此次规划的核心，因为西北比斯特最有价值的资源就是它的居民。因此，我们采取了多种措施使居民觉得自己是这一优秀社区的一分子。我们拥有很多可供大家享受环境的安全地点——自然小径、体育场和休闲公园、通往商店和学校的步行道、与新城区配套的特色景观、公共艺术馆以及可供所有年龄居民使用的四座全新的社区礼堂。

我们预留了部分空间，用于新建可销售本地土产食品的农贸市场。我们甚至配备了“食用景观”，鼓励大家采食并增强对野生食物的了解。

我们将组织居民参与社区协会，在遵守西北比斯特生态准则基础上培养其强烈的认同感和归属感。社区鼓励所有人积极参与进来，培养他们对社区的自豪感并与后来者进行分享。通过建立有效的合作关系，本社区将同更广的区域产生密切联系，确保它是比斯特区域的一部分而不是孤立的。

为满足市场需要和西北比斯特的长远发展，将会提供新的就业机会，但前提是不得影响本地区现有的就业机会。西北比斯特计划为每个家庭提供一份工作，这些工作由商业园区和生态商业中心负责提供。

每家每户和公司都将受益于速度超快的光纤局域网，生态住房的灵活布局也可为家庭办公提供额外的空间，从而减少交通需要，鼓励人们居家办公。

我们的整体愿景是为所有居民提供用于生活和工作的可持续发展的绿色基础设施。

3.3 项目介绍

西北比斯特的愿景是建设一个自然景观宜人的区域和社区，与现有比斯特社区和农场地区进行无缝对接，在社区结构内提供新建房屋和就业设施，展示并达到类似规模开发项目的最高环境水准，并与更大的城镇整合并实现利益共享。

3.3.1 目标和目的

西北比斯特总体规划着眼于建造全新的景观主导型社区，追求蓝绿基础设施与现有历史悠久的城镇和社区之间的完美融合。其目的是建立一个“完整的场所”和可持续发展的人造景观社区，不仅为新社区新添绿色空间、公园、菜园、体育设施、自然保护区、乡村公园和河岸景观，更重要的是，提升绿色空间、休闲设施和乡村风景的供应量和获取量。

位于比斯特门户位置的现有农场为私人所有，尚不对公众开放。通过加强联系，对现有步行道进行升级改造，增加河道旁和林地内的公共步行道，修缮通往现有的包括布尔小溪、林地和灌木丛在内的全部自然景观道路，为全部比斯特居民所共享。

为实现西北比斯特和生态比斯特的愿景，我们拟遵循如下指导原则，内容摘自《PPS1版本1.1》。生态城应具备如下独特特征：把握机遇、应对挑战、因地制宜、以人为本。

①场所建造和景观：叙述相关历史；特定区域场所建造；使用景观和绿色基础设施作为关键因素；

②能源、水资源和再循环：真正实现建筑物内部的零碳排放；

③绿色出行规划引领发展：为改变交通模式提供机会，通过提供可持续发展的替代性交通选择减少私家车的使用率；

④联系本地和周边社区为一体：为本地社区提供各式城镇和公共活动区域；进行新开发应适应乡村特征并保持一体性；

⑤休闲、工作、生活、学习；

⑥以高品质设计丰富区域内容；

⑦不断完善社会基础设施，建立一个可持续发展的社区；

⑧与社区居民和股东的主动接触；

⑨满足本地人口的住房需求；

⑩创造就业机会和生态城管理。

经过广泛而持续的咨询和磋商，区委会拟定了总体规划纲要，用以指导总体规划的制定。总体规划旨在勾勒出西北比斯特未来的发展框架结构，并为指导即将到来的规划申请报批做准备。框架结构内容将在配合图则进行阐述，并细分为10项内容。

3.3.2 项目概况

项目用地毗邻比斯特城北，以农田为主，位于现有的A4095环路外围区域。该地区边界距离镇中心约1.5公里，距离附近的巴克内尔（Bucknell）村和卡文思菲尔德（Cavesfield）村约0.5公里。按照规划，西北比斯特将真正实现零碳排放，其中包括多达6000户住宅、新的就业机会，以及拥有吸引力的服务设施。所有建设都以达到环境、社会及经济的可持续性为目标。

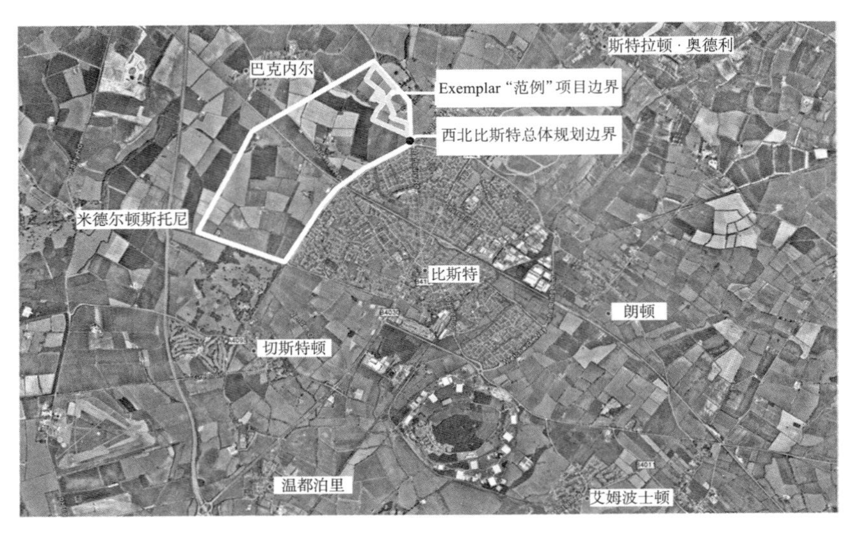

图3-1　西北比斯特区位图

3.3.3　规划进程

一期“范例”项目开发方案已获得批准并计划建造393套住房、1所小学、1座生态商业中心以及若干店铺、办公场所和公共场所，并与以现有乡村为主的绿色空间网络相连。

项目开发将与比斯特其他区域及乡村景观融为一体。项目分阶段逐步开发，开发周期超过20年，为比斯特的未来发展提供支撑。

3.4　关键原则

主要关键原则包括：

①提供多达6000套住房；

②确保一定比例的经济适用房；

③确保生态城镇40%的土地为开放空间和绿化景观基础设施；

④在可持续出行距离内，为每个家庭提供一个就业机会；

⑤实现所有建筑零碳排放量的能源标准；

⑥以更可持续的出行方式实现私家车使用率的转变（达到低于50%）；

⑦确保住房建设至少达到可持续房屋标准第5等级和BREEAM优秀标准；

⑧充分利用技术以产生更多能源；

⑨通过引入前瞻性的技术和设计适应未来的气候变化；

⑩为每一个家庭提供能源和出行的实时监测；

⑪确保建筑结构和设计上的高水平能效；

⑫小学的位置确保在距离所有住宅800米的范围内；

⑬利用并鼓励当地的食品生产；

⑭实现当地生物多样性的净增长；

⑮尽量保持水的中性；

⑯创建确保零浪费的管理程序，在建设过程中采用垃圾填埋；

⑰实现组织一个当地管理机构。

3.5 关键因素

3.5.1 空间结构和格局

为提升城镇空间质量并与现有社区进行整合，比斯特计划在其西北部地区开辟新区用于城镇的新开发和社区建设。我们计划利用这些广阔空间区域的交错叠加和新景观的建设，努力将该区打造成为生态比斯特的关键组成部分，至少达到缓解比斯特城镇压力的目的。

该地区将新建四个城镇空间，分别是林荫大道、典范主街、十里路口以及广场。当前，比斯特拥有两条主街道，一条位于历史悠久的集市城镇中心，另一条位于堪称20世纪商业模板的比斯特购物村。比斯特西北部的主街道和城镇区域将成为集居住和某些商业设施用途为一体并营造功能平衡的可辨识区域的混合体。上述区域具备混合用途，紧邻现有城镇，是新旧居民和观光游客之间的社会焦点。十字路口是比斯特西北部总体规划的核心关键点，是遍布铁路下方和贯穿布雷溪流的众多道路的门户。

该地区还计划开辟四块绿化空间：公园、村庄绿地、绿道以及绿化循环带。新的房子将围绕现有景观集群而建，并配备新建的开放型绿化空间、城镇街道和广场。新建的公园将作为比斯特现有城镇绿化空间的补充，并与绿道网络相连。绿化区域和关键目的地之间由自行车道和步行道组成的绿道网络直接相连，环状连通的道路可使本地居民对范围更广的景观进行探索。

绿道为步行和自行车骑行提供了最便捷的途径，连通城镇中心和诸如火车站、学校和工作区等关键地点。数量充足的公交车可替代私家车为本地居民提供及时便捷的出行服务。

（1）一脉相承的西北比斯特

西北比斯特的总体规划依赖于与现有比斯特社区的成功联系，包括现有的农村地区、历史悠久的城镇中心、零售和商业区域以及现有的房产开发区域等，目的是将其打造成为一个具有历史底蕴的区域。

鉴于西北比斯特位于农村和城镇的中间地带，因此与农村地区的关联成为此次开发成功与否的关键，其中包括对现有小型社区和村庄进行整合以及让农村地区成为更适宜居住的区域。

（2）周边的社区

现有耕地在历史上归众多小型村庄和农场所有，它们构成为城镇中心市场提供食物的网络。时至今日，周围的社区和村庄在比斯特的发展中已发挥了重要的作用。这些本地社区包括临近的巴克内尔（Bucknell）和卡文思菲尔德（Caversfield）村——位于豪斯巷南部和洛斯巷的新旧庄园地区。

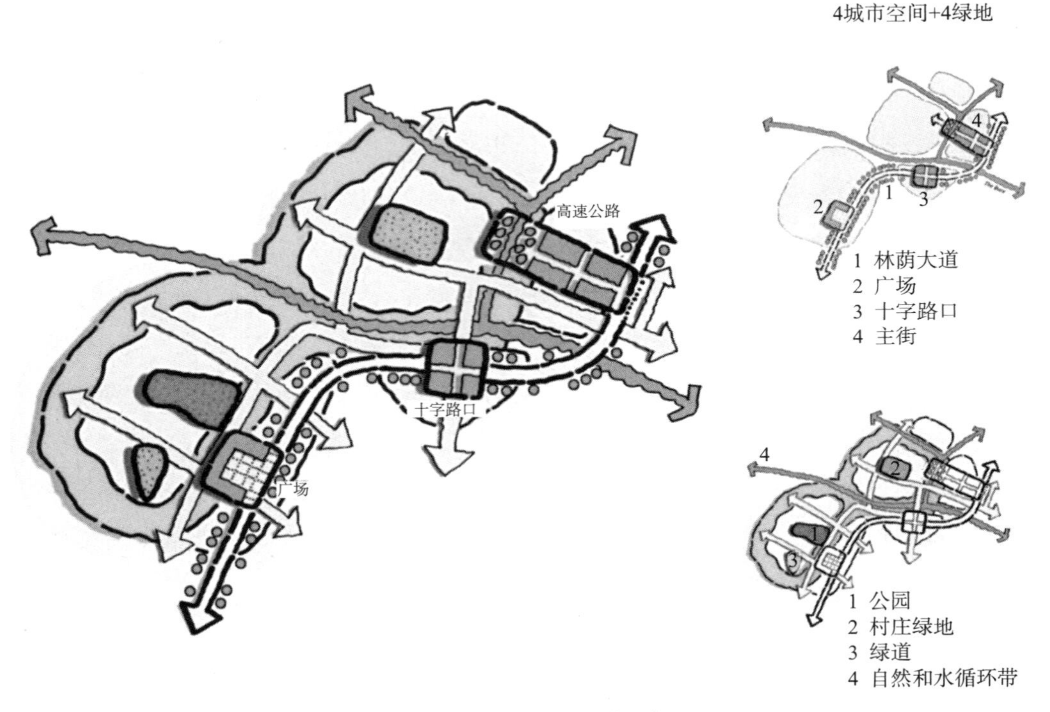

图3-2 城市空间及绿地示意图

1）通过社会基础设施和交通将社区联系起来

（1）当乡村遇到城镇

现有社区通往乡村的道路有限。西北比斯特总体规划将建立一套独特体系，向乡村地区、布尔小溪以及居住在豪斯巷南部的居民“全面开放”。

此次新开发的项目将成为连接南部已高度开发的城镇和北部乡村农业景观的过渡区域。我们计划通过一系列绿化带和网状结构将乡村地区更多地纳入总体规划之中，并利用新学校的福利和设施、本地中心以及基础设施为新开发提供便利。

比斯特新老居民均可享受这些绿色基础设施带来的益处，包括自然保护区、公园、体育设施、菜园和果园、河堤小道、运动场、雨水花园、林地以及乡村公园等。

（2）建立新的联系

通过减少豪斯巷地区的屏障并新建一条林荫大道，鼓励南部和北部建立绿色联系，并与莎士比亚路、德莱顿街以及旺斯贝克路相连，构成乡村和城镇之间的过渡桥梁。

新建的林荫大道是住宅、商店、公司、医院、学校和社区设施的门户，是开放的公共空间，将实行步行优先。

2）加强社区连接并改善与蓝绿景观的连接

新的住房将与现有的社区整合，在现有住房以及新住房和社区设施之间提供人性化通道，提供便于出行的道路，将各社区进行整合。

由新建步行道和自行车道组成的交通网络与现有道路网相连，构成一个完整的出行策略，为居民提供通往火车站、镇中心、比斯特村和Kingsmere的安全、方便、快捷的道路。其关键在于，新道路和连接点要清晰可辨，这样用户才能安全、轻松地通过此新开发的区域前往比斯特其他社区。

通过共享便利设施和社会基础设施建立联系。新建的社会基础设施将位于住户步行所及的近距离范围内并与现有居民共享。新建的社会基础设施包括：本地商店、一个多宗教设施、商业中心、学校、社区中心和卫生院。

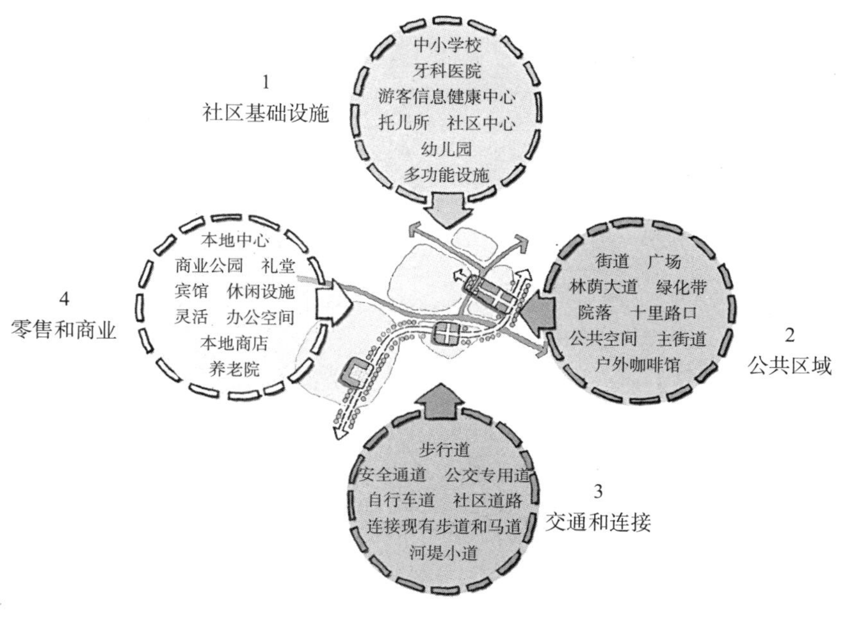

图3-3 基础设施示意图

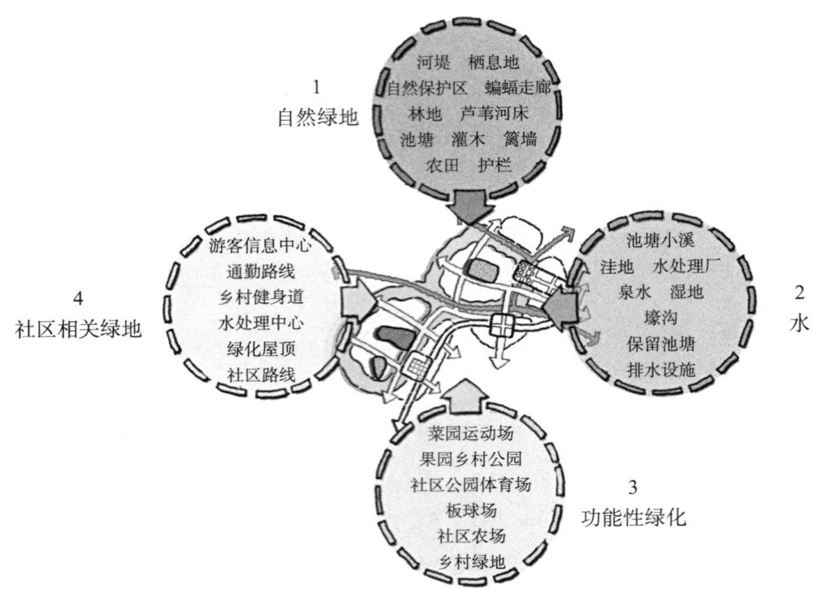

图3-4　绿地系统示意图

3）功能区

（1）本地现有功能区

西北比斯特将建成由多个相互关联的功能区构成的综合区域，这一点至关重要。

本地现有功能区包括：农场、住宅区、卡文思菲尔德村、巴克内尔村、比格奈尔（Bignel）村落、家庭农场、布尔公园、老城中心、铁路、河流以及M40走廊等。每个功能区的特征各不相同，包括树种、绿化率、乡土建筑和材料、风俗习惯和社会生态、微气候、人口构成等。

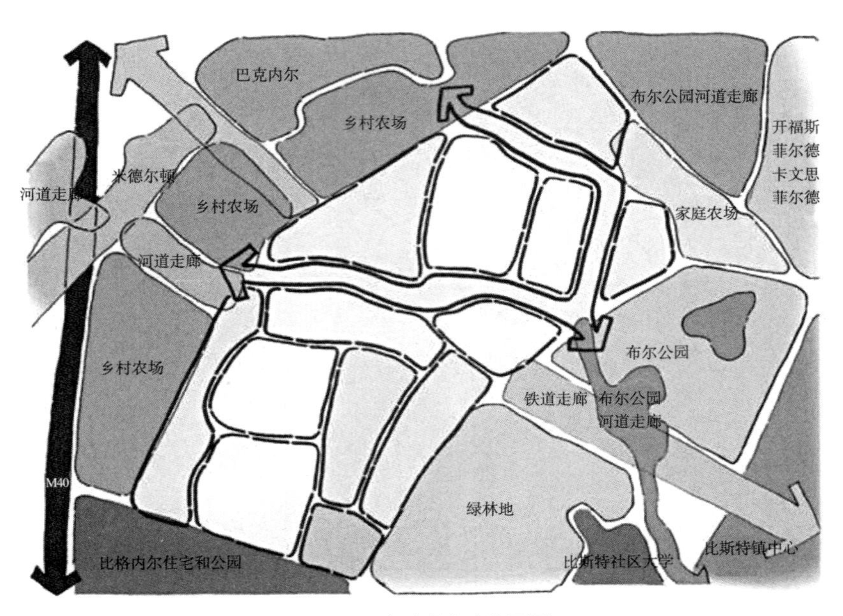

图3-5　本地现有功能区图

（2）拟建中的功能区

通过新建一系列功能区并将总体规划分解到与比斯特相关的各个区域，保留自然特征的同时与现有景观特征相关联并施加影响，我们便可以开始逐步建设出区域功能性更强且对景观造成影响更小的新区域。如此一来，便可确保该项目的开发充分尊重其地理位置和乡村文化遗产的影响。

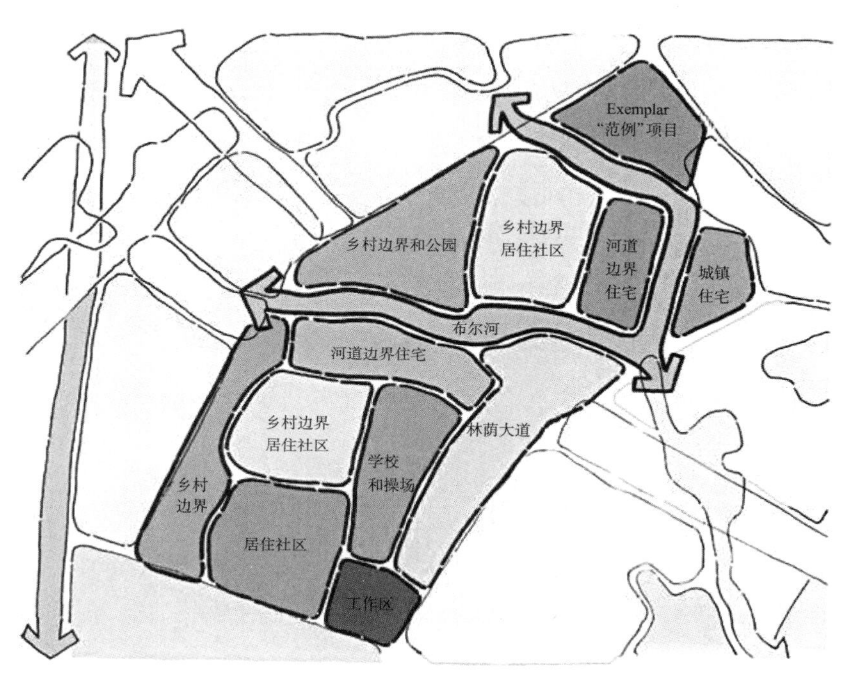

图3-6　拟建功能区图

3.5.2　景观和绿色基础设施

1）拟建景观

按照西北比斯特总体规划，绿化空间将覆盖整个开发区域的40%，并将由公共和私人开放空间混合构成。为营造卓越的自然生活环境，与其他高居住密度开发区域不同，西北比斯特将鼓励健康的户外生活方式。保护栖息地的同时，注重强化区域的特异性并鼓励现有和未来居民进行户外运动。总体规划旨在达到如下标准：

①保护和改善栖息地环境并提供生物多样性净收益；

②40%区域为绿色基础设施，提供多功能景观元素；

③使得绿色基础设施成为与现有农村环境相关联的主要基础设施；

④对开放空间内的现有河道进行开凿、修缮和整合；

⑤开发地应利用自然地势和现有景观特征，保持本地景观差异性，增加并保护现有农村景观。

2）保护现有的自然栖息地属性

总体规划从一开始便将现有的自然栖息地属性考虑了进去。几乎所有的现有灌木丛、林地和溪流都予以保留，目的是保持居住地的自然美观和保护自然栖息地属性。新建的栖息地也将配备人工芦苇河床、沼泽和池塘，目的是培育和改善物种的多样性。特定区域将种植牧草以促进野花生长和生物多样性，建立自然保护区也在计划之中。现有骑马道和步行道按照总体规划进行整合，通过新的开发社区为通往更广阔的农村地区提供途径。

3）为户外活动提供机会

景观设施和休闲空间位于社区中心地带，鼓励社区居民进行运动健身和体育锻炼。这些设施通过绿化走廊相连，为西北比斯特及周围社区的居民进行户外运动提供便捷通道。

总体规划提议将用于正式休闲和体育运动的绿色空间合并成两块区域，为所有居民提供运动健身和休闲娱乐的场地。除大型的运动场和体育场之外还包括一些其他组成部分，包括自然保护区、社区农场、正式和非正式的公园、绿色健身馆和活动场地以及10公里的绿环。设计中还包括数量众多的社区菜园，可以鼓励人们种植食物并促进社区成为一个整体。

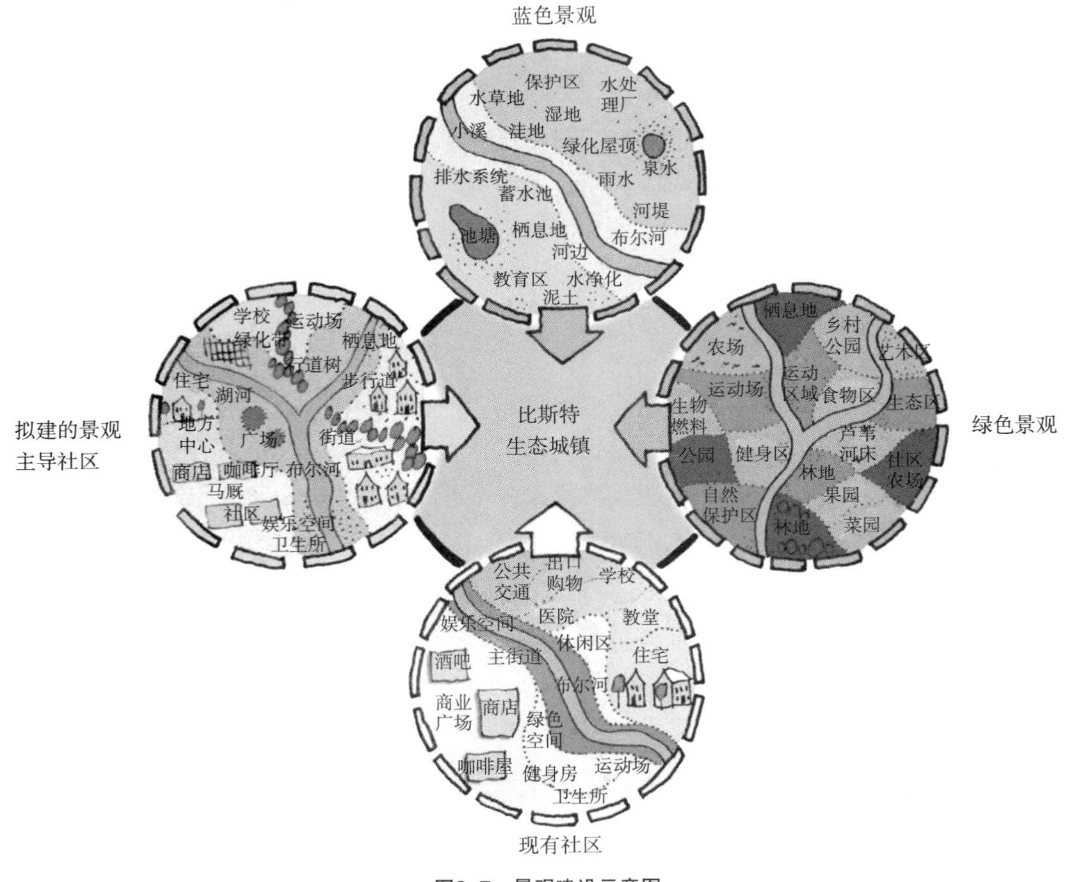

图3-7　景观建设示意图

4）独特的景观建设

所有开发需与现有景观特征相协调，尽可能地保留它们的自然特性，即增强和保护现有的乡村景观。

城镇和乡村绿色空间通过绿色廊道相互交合，同时为居民和野生动物提供有吸引力且可达的网络体系。

区域内的步行道和自行车道相互衔接并与城镇和周边乡村相连，鼓励居民采取上述出行方式，提高健康和生活质量。

3.5.3　生活和工作

该总体规划将考虑人们现在或者未来的生活方式和社会需求。社区设施是为了给西北比斯特居民和广大的城镇居民造福。随着总体规划的每一阶段开发，一个社会混合型和平衡的社区将会逐步建立。

（1）创建新的设施

新建的本地中心旨在强化社区居民之间的联系，其位置靠近现有和拟建的交通便利地区和住宅聚集区，以最大限度地提高人气和经济活力。

总体规划的社区设施中包括两个充满活力的、混合使用的本地中心，以补充现有的零售机构及服务中心。小学将建立在本地中心的附近，而绿色空间和中学则建在铁路线以南，靠近公交线路和体育球场的中心地段。规划新建4座社区礼堂（铁路线两旁各两座）、4所幼儿园和1所医疗机构。

（2）改善比斯特现有设施

需要改善的现有设施包括：图书馆、成人学院、日托机构、消防队、社区医院、特殊学校、博物馆、技能培训机构。

1）这是一个适合居住的好地方

计划新建不同期限和户型的房屋多达6000套，以满足社区居民的住房需求。这种住房策略旨在确保：

①建造过渡性住房，满足项目开发期间社区居民的住房需求；

②提供的新建住房，满足终生社区的要求策略足够灵活以满足社区居民需求的变化，并以当前和未来技术为基础，新建住房设计符合更绿色及可持续生活方式的需要；

③新建住房的设计和户型满足市场和社区的要求；

④项目开发是可行的、可完成的。

（1）住房混合类型

住房类型与比斯特的未来预期发展增速相一致。住房混合类型是多样的，其中包括一至五居室户型，包括绝大多数的别墅，也包括平房和公寓。

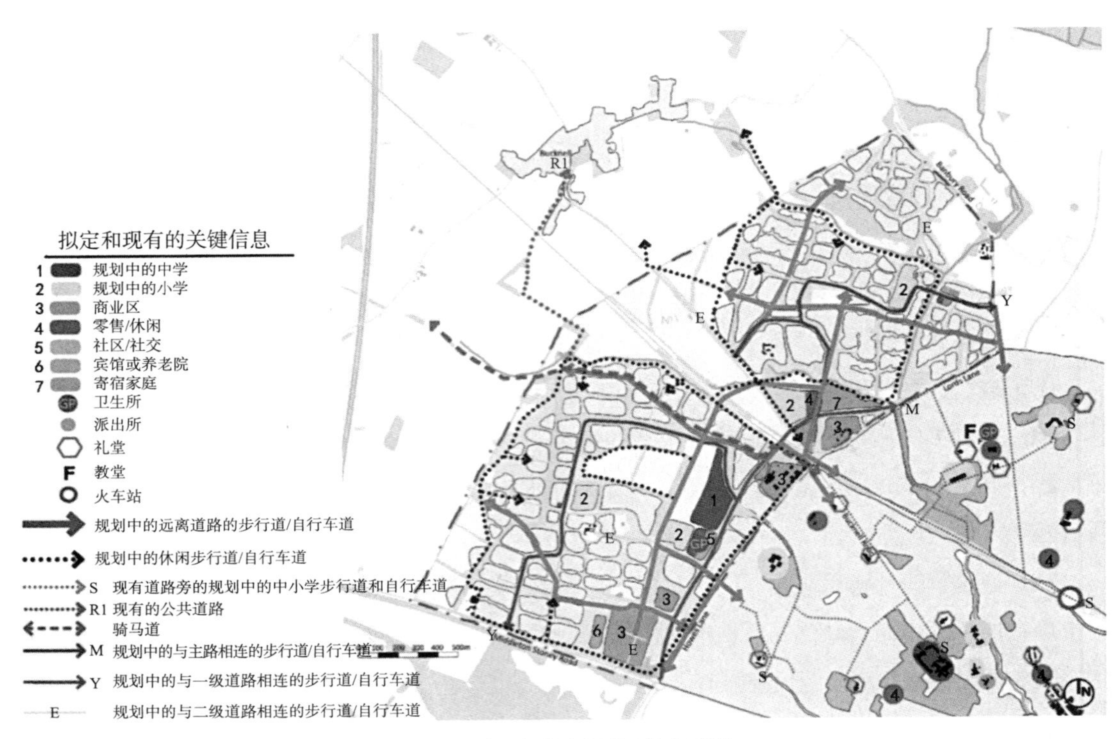

图3-8 社区与社会福利设施布局图

住房设计将与现有城镇相一致，并将包含一些经济适用房。诸如额外关怀养老住房等具有特定用途的住房按照特定需求与其他特殊期限住房相配套。

（2）住房设计

西北比斯特的住房按照终生使用标准建造，并至少满足可持续住房（CSH）5级标准，配备节水装置，并达到较高的气密性。

低能耗设备、低耗能家电和高效光伏解决方案将会整合在设计中以确保住房更加节能高效。

灵活的房屋格局可为家庭办公提供额外的空间，例如阁楼空间的屋顶构架、改造成办公室或办公区的车库。

2）这是一个适合工作的好地方

总体方案将激励比斯特经济的转型升级，通过以下三种主要方式：

①创造尽可能多的居家办公职位——以前，比斯特的很多新住户需要往返其他城镇上班；

②更多的公司以西北比斯特为平台开发不断增长的本地和区域需求的可持续建筑以及环保型产品和服务；

③西北比斯特内部及比斯特的其他地方将会鼓励并支持采用可持续商业办公。

总体规划将为每户居民提供至少一个工作机会，其中的4600份在西北比斯特本地，其余的则在可持续交通的距离范围以内。就业方案已成为比斯特其他地区的补充性条款。生态商业中心可为公司和居家办公人员提供灵活的膳宿和配套设施服务，目标是可持续建筑以及环保型产品和服务。

西北比斯特内混合就业的目标也包括高性能工程行业、其他的知识密集型行业、物流、商业融资以及专业服务等。按照总体规划，位于西北比斯特西南角的商业园区可以为各式企业提供经营场地，可创造2000个就业岗位并与范围更广的生态城镇原则保持一致。该址的交通最为便利，设计参数符合周边需求。

此外，生态城镇建设可提供140个工作岗位，分布于本地区的3个社区和商业中心可提供1400个本地服务工作，其中包括办公、零售、医疗和学校的岗位。1100个工作岗位将基于住房的发展，得益于住房的细节设计和超高速宽带网络的普及。

还有一些工作岗位更适合不在此地居住的居民——尤其是那些住在城镇中心和其他工作地区的人。

我们计划采取各种措施用以支持工作岗位的创造和增长。除了提供工作场地以外，同当地公共和私立部门培训建立合作关系，可确保学徒和其他培训课程的提供，使得现有和新来的本地居民可以学习到本地雇主需要的技能。西北比斯特品牌将被用于支持商业用途的推广，并会创建与当地大学的链接，例如通过“实地实验室”，将西北比斯特作为示范单位，可以支持对可持续建筑和社区的研究和创新。

3.5.4 出行与交通

按照总体规划预想，西北比斯特鼓励以可持续的绿色交通方式替代汽车的使用，但前提是确保公路和道路进出口符合设计目标并与现有道路网相连。

绿色出行规划基于比斯特现有的基础设施及其公共交通、自行车道、公共骑马道、步行道和人行道，优先选择诸如步行、骑车、公共交通及其他可持续的出行方式，进而减少居民对私家车的依赖。

1）道路规划策略

①确保未来道路与周围地区和新拟开发区域相贯通；

②确保开发区内所有设施间连通良好；

③确保开发区与比斯特其他地区相关联；

④能够提供频繁且高质量的公交服务；

⑤优先选择步行、骑车和公交出行方式；

⑥最大程度减少现有社区之间的交通量。

2）公交车网络

公交车道设计尽可能地通过最直接的线路将居民送至关键目的地，包括城镇中心、工作区以及公共交通换乘地点等。公交服务的提供应足够频繁，直接与城镇中心、学校和本地设施相连，旨在鼓励乘坐公交车而不是汽车出行。每家每户在家即可掌握实时的公交信息。

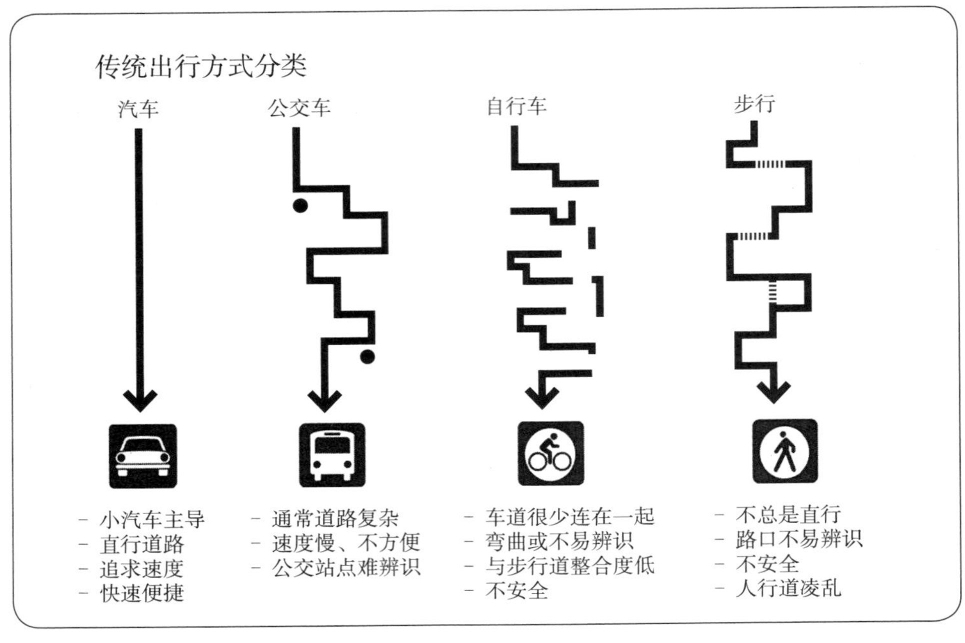

图3-9 传统出行方式示意图

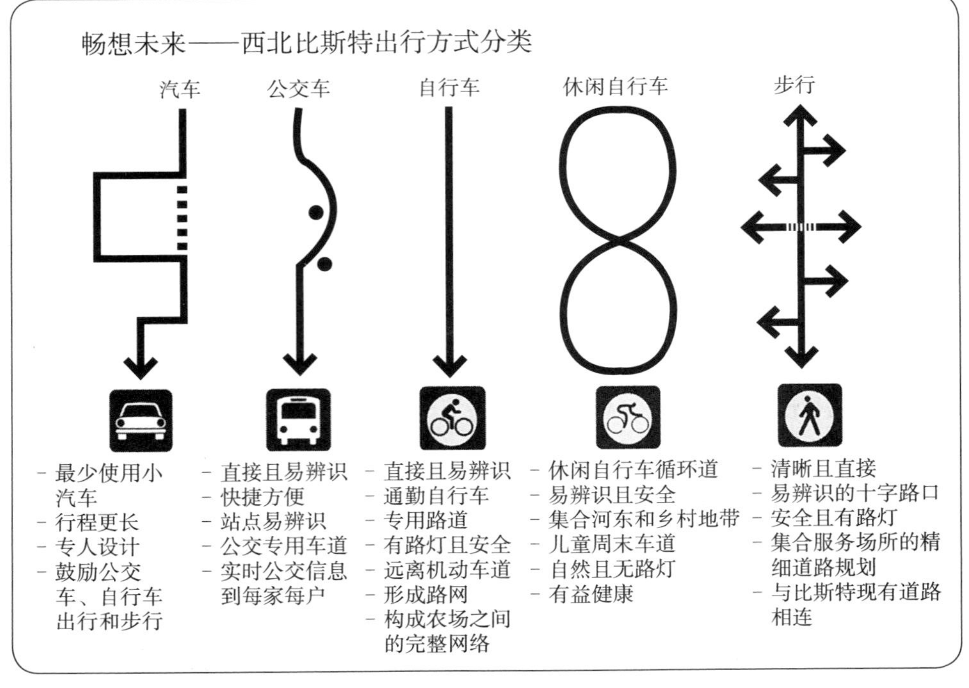

图3-10 未来出行方式示意图

3）步行和骑车

步行道和自行车道的建造规格很高，可适应各种天气且配备有照明设备并易于维护。住宅和路线的分布使得自然视角很好，增加行人的安全。当步行者和骑车人员的潜在冲突被减至最低程度时，步行和骑车路线也将与机动车辆路线相分离，并提供足够宽度和大量的十字街口以确保步行者和骑车者的安全。

为确保骑行和步行路线的高效利用和符合要求，它们将被分为两种不同的类别。“直达路线”将作为通勤路线，允许直接、快速地到达当地关键的就业区域、学习、地方中心和核心地区，便于骑行者和步行者去学校上学或工作。另外，我们还引入了“休闲路线”网络，适宜“周末”旅行，弯路更多，更多地位于农村，尤其是耕地区域、小河和树篱旁。

为实现预期的步行和骑行量，总体规划已经就确保该区域内步行和骑行的高通行性以及与区域外目的地的连接做出了规划。目前已经拟定了与当地和国家政策相关的步行和骑行策略。

4）可持续的出行方式

住宅将坐落于公共交通站点400米步行距离之内以及小学和邻里服务800米步行距离范围之内的地方。另外，将通过引入电动车的充电网络、汽车俱乐部和拼车机制实现零碳排放生活方式。

在主要规划阶段中，将会进行全面的测量工作，以促进可持续的出行和交通工具选择。这些措施包括：

（1）重要措施

①增设交通规划协调员，负责协调开发过程中的可持续旅游倡议；

②通过家庭信息系统、网站、时事通讯，对可持续出行方式进行推广和宣传；

③提升绿色出行意识，如倡导“步行上学周”；

④对所有居户和雇员提供个性化的出行规划。

（2）提倡骑行

为提升骑车出行的意识，我们计划采取如下一系列措施：

①家庭停放自行车，在本地中心区域和就业区域建设自行车停放设施；

②提倡新居民骑车出行；

③倡导电动车出行，并与当地自行车商店合作提供销售和保养服务；

④成人及家庭骑车训练；

⑤活动计划，如“比斯特自行车和家庭休闲日”，以便促进和鼓励安全、休闲方式的自行车骑行，包括自行车旅行；

⑥通过骑行去工作、骑行上学、骑行课程，获得推进骑行的最佳实践；国家骑车网（Sustrans）和骑行示范镇可以利用这些实践学习的经验。

（3）上学出行

①校车出行是实现可持续出行方式的一个机会，校车出行机会通过如下措施实施：②步行“巴士”（社区每次派两位家长护送孩子上下学）；③适合儿童上学的专用路线；④向学生提供骑行和道路安全培训；⑤提供自行车和踏板车、头盔/反光外套等装备；⑥参与全国的“步行上学周”活动。

3.5.5 能源、水及其再循环

1）能源

（1）政策要求

PPS1生态乡镇补充指明“一年内，在生态乡镇发展中，建筑物内所使用全部能源排放的、纯二氧化碳作为一个整体，应为0或小于0。”2009年12月发布的生态乡镇的能源有效开发TCPA指南和零碳排放策略，鼓励作为示范而发展的生态乡镇遵守最佳实践，以实现零碳排放。示范的生态乡镇在一年的所有时间内都应节省能源，促进能源再造，并将能源消耗降至最低。

2007年4月，可持续住房标准（CSH）作为自愿措施被引入，对新型住房的可持续性进行全面评估，并取代了生态家园的方法。新的房屋发展建议2013年实现可持续住房标准4级（比当前的建筑法规有25%的碳改善），至2016年实现“零碳”。标准等级涉及符合强制性最低标准的废物、材料和地表水径流以及能源和饮用水的消耗。同时对所有新住房BREEAM选择采用可持续住房标准5级为最低要求，对未来可持续发展设置了标杆。

使西北比斯特住宅达到CSH 5级和PPS1生态乡镇补充的零碳排放标准的关键是减少能源消耗和使用可再生能源。节能和低碳、零碳技术的结合，可以形成实现零碳目标的基础，并提供操作的灵活性。

西北比斯特可持续发展策略制定了与能源相关的3项关键目标，由一系列的小目标和关键指标组成，具体包括：①确保能源高效；②生产零碳排放能源；③最大限度地提升能源安全性。

（2）能源策略

西北比斯特的独特之处在于，通过本地装置实现真正的零碳排放。为了达到这个目标，西北比斯特能源战略将遵守如下能源等级原则：①整合（依赖）；②清洁；③绿色。

（3）整合——通过整合在整体建筑设计策略中以减少碳排放

一系列减少碳排放和增加对气候变化适用性的措施将会整合在设计中，如增加房屋绝缘性、使用高性能玻璃、增强气密性、减少热桥、被动式太阳方位取向和制冷、遮阳、使用自然光和自然通风等。这些设计特点可以补充至适用的方法中，如绿色和棕色屋顶、雨水收集和水分保持。

创造可以包含上述所有设计理念的策略以及相关的有效技术，诸如使用“A级”节能家电、有效能源照明、自动控制和监测能源管理系统，是促进和维持能源减少和碳排放策略的关键。

（4）绿色清洁——低碳和零碳排放技术

该战略旨在提供灵活性和坚固性，因此在现有和将来的多项财政措施中，包括多项技术和资金支持。另外，该战略具有灵活性，可以使得将来的技术成为或被用于适当的、允许的解决方案，以便实现减碳的目标。

能源策略包括以下方面：

①太阳能发电，包括集成光伏PV的使用，利用建筑物顶部空间产生可更新的电能。太阳能光伏PV可以安装在所有住宅、小学和中学、零售和商业单位，以及社区活动中心的建筑物上面；

②区域供热系统。DHS允许附近废物热力资源的未来技术和未来的潜在技术，连接至该网络；

③能源中心。利用有效的低碳工厂，例如生物质锅炉和/或生物质CHP、气体CHP一起补充工厂和设备的排放，以便进行高效率和有效的操作，包括热量存储和备用锅炉；

④利用当地产生的能源，减少传输和分发过程中的能源损失，并经常利用更多的、联合的先进发电技术提供更有效的能源。当地的发电或分散的发电，可以产生较小范围的消耗点，并能提供一定程度的受益。

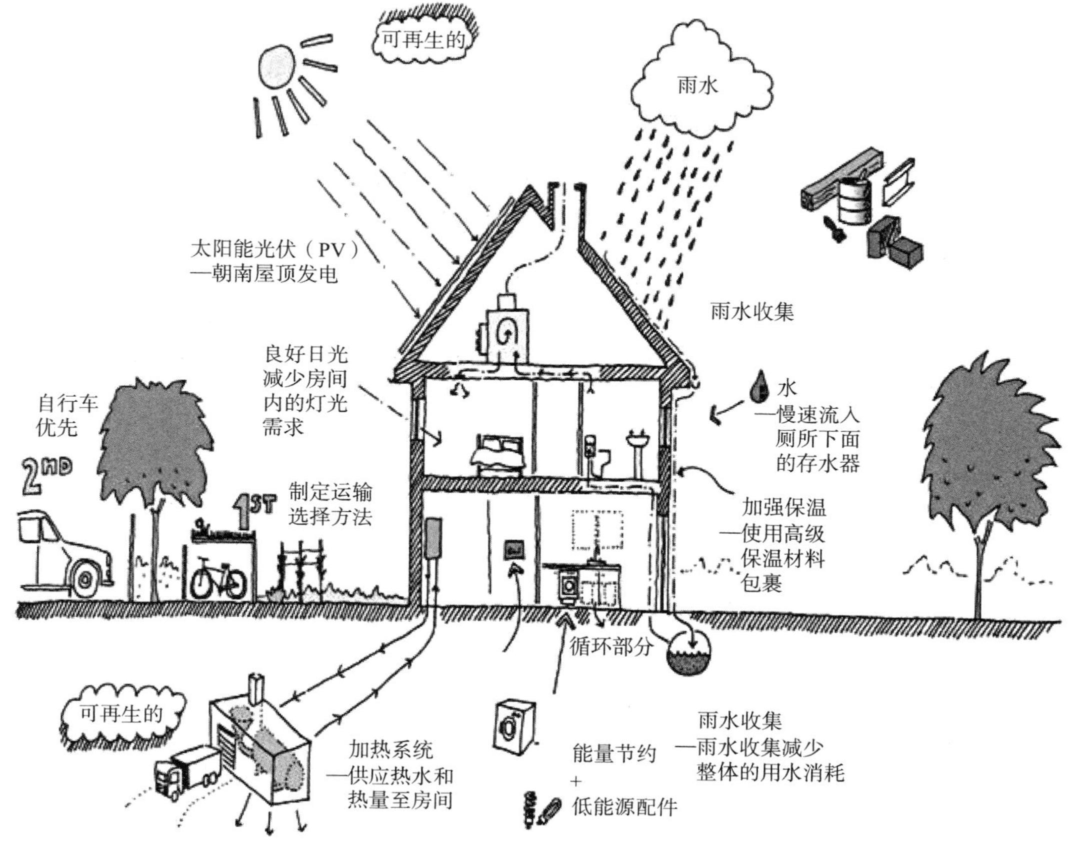

图3-11 环境策略示意图

2）水系统

新兴的地方规划政策框架的愿景是实现水资源供需之间的可持续平衡。我们专门制定政策，以确保在整个开发过程中处理好水供给和废水处置等事宜，减少能源和水资源消耗，最大程度地减少污染风险，整合水资源再利用设施，规避洪涝风险。

水在景观建设中起着关键作用，我们计划利用本地现有的自然水体系并开凿一批与之相连的水道，以改善绿色空间、绿色走廊、街道和其他空间，因地制宜地进行空间开发。

（1）现有水资源

本地现有数个地表水系，包括布尔溪、池塘和壕沟。布尔溪在整个项目开发中为建房、休闲娱乐提供了便利。现有的池塘是理想的区域，但需要改造。考虑到它们靠近林荫大道北边的中小学，因此可以借此机会将其作为保护环境的教育资源。现有的壕沟可成为可持续城市排水系统的一部分并对地表水径流进行管理。

（2）拟定的水管理方案

西北比斯特项目股东一致就水管理和使用制定了一套可持续的策略方案。水利基础设施（饮用水供应、废水收集和废水处理等）要求对此次项目开发和周围区域预期中的住房和就业增长提供支持。

通过整合节水设施、减少饮用水用量以及雨水收集和再利用系统，西北比斯特将最大限度地减少对水的需求量，减少饮用水的用量并向水中性发展。

（3）可持续排水系统

广泛使用的可持续城市排水系统和蓄水系统将提供可持续的降雨管理，并从降雨中创造可持续发展的资源，同时确保下游的地区无洪水风险从而为当地造福。西北比斯特将提高水质量标准，尽可能地改善本地的水环境质量。可持续排水系统可移除来自道路的污染水流，在进入水道之前从源头对水进行自然净化。

可持续城市排水系统的使用同时会创建新的野生动物走廊和空间整合湿地、池塘与各种动植物群落，创造有价值的开放美丽地带，同时改善当地的水环境。可持续排水系统由各种排水链条组件相互连接，包括雨水花园、洼地、沼泽、储水池、池塘以及壕沟等。

绿色和棕色屋顶可带来生态和环境益处，将40%或以上的屋顶面积按照这样设计是可行的。屋顶基层之间的缝隙可为雨水提供额外的存储空间，可以减少地表水的流量并减轻其他地面的可持续排水设施的压力。

（4）雨水衰减和存储

雨水衰减措施将会应用于源头建设区域以及邻近开发区域沿路的公共开放空间这些战略性的地区以确保地表水能够有效地管理。与此同时，沙路地段的建筑布局还要考虑其所处的自然地形地势结构，避免敏感物体遭受地表水侵蚀。各种储水结构将大量运用，进行水衰减存储，包括池塘、盆地和多孔存储。

（5）雨水收集

随着水资源愈发稀缺，水资源再利用为保持水量和最大限度地减少水需求量提供了可能。我们可以对本地区内的雨水进行收集，并将其作为水资源供给系统的重要补充。

在英国，家庭用水的60%用于冲马桶、洗车和灌溉花园。收集的雨水可用于这些方面，成为减少主要饮用水用量和向水中性发展的重要方面。

西北比斯特内部的较大型设施，诸如学校和办公楼，可以大规模收集雨水并再用于建筑物内部的马桶冲洗。收集的雨水同样也可用于户外景观的灌溉。

（6）水处理

当前可供考虑的两种潜在的废水处理方法是：

①现场处理。这是一种项目开发现场进行废水处理的选择，然后排入布尔河和城镇小溪，并允许进行部分回收利用，这是补充非饮用水供给的一种较好选择；

②利用现有的城镇废水处理。将本地污水注入现有的泰晤士河比斯特废水处理厂进行处理，然后排入朗福德小溪。

目前相关部门正在与泰晤士河道和环境部门就上述选择进行协商，以确保无论采取哪种方式都是对总体解决方案长期可持续发展的选择。

3.5.6 城市设计

总体规划中设置了建筑物的空间框架设计，空间和景观将在规划进度的稍后阶段中受到进一步考虑。

城市设计的主要原则是：

①通过细节保证房屋的建筑质量；

②建立各种社交和教育文化场所；

③创建一个充满活力的为人们生活、工作、使用和享受的混合式空间；

④创建适合所有年龄的人进行互动的公共开放空间；

⑤创建安全街道，鼓励步行。

3.6 小结

诚如特里·法雷尔（Terry Farrell）爵士所言，“西北比斯特和比斯特生态城将成为其他社区仿效的先驱性典范”。

西北比斯特总体规划创建了一个新的景观主导式社区，集成了现有的历史名镇和社区中绿色和蓝色的基础设施，创建一个“完整的场所”以及连续的人文景观。不仅为新社区提供了新型绿地、公园、菜园、体育设施、自然保护区、国家公园和河畔景观，但更重要的是为现有比斯特居民提供了可达的绿地、休憩设施和乡村。

总体规划的编制已经考虑到PPS1（规划政策声明1增补）满足“生态城镇”与已采取的和新兴的地方规划政策以及相关文件。

西北比斯特的第一阶段（作为“范例”）将展示生态区的发展过程，为比斯特居民提供居所、工作、社区和更加绿色的环境。该“范例”区域将展示可持续的社区如何让绿色生活更方便，造福整个社区。

附录 1

英国科提肖生态城总体规划精编文本

A New Vision for RAF Coltishall

Chapter 1 Introduction

RAF Coltishall is a former air base located approximately 14 km north of Norwich. The site has been decommissioned and currently stands empty, its future uncertain. It is rare that a brownfield site of this size comes to the market and this represents an opportunity of regional if not national significance. The site has the potential to provide numerous benefits to the local community and could make a serious contribution to Norfolk's biodiversity and emmission targets. There is currently no development brief for the site and although various options have been put forward we believe that none take full advantage of the site's potential. This document sets out a visionary approach which we hope will give you food for thought.

The site today

- RAF Coltishall is a former Royal Air Force station which served in the Battle of Britain.
- 260 hectares (750 acres) of previously developed land.
- 1750m tarmac runway.
- 311 buildings, including 1, 2 and 3-storey buildings, as well as single storey buildings of tall heights e.g aircraft hangers and water towers.
- The existing buildings accommodate a wide range of uses, including storage, office residential, industrial and ancillary community facilities.
- The site is unaffected by environmental constraints or historic designations.
- Limited flying of light aircraft has continued since termination of RAF operations in April 2006.
- Adjacent housing at Lamas being refurbished.

The site as it could be

A short term view

With a site the size of RAF Coltishall, it is important to take a long term view. 260 hectares cannot be redeveloped overnight, and it may take 20 years for its full development potential to be realised. In the absence of a comprehensive development brief, a number of options have been put forward which would reuse existing buildings; the two most significant are to be a centre for immigrants and a prison. We think the site can be much more than this.

Alternative options

- An immigration centre
- A prison
- Single use site
- Fragmented piecemeal development

- Left derelict

A visionary approach

Our vision is to provide a lasting legacy for Norfolk which benefits existing residents and future generations can be proud of. An innovative eco settlement which uses cutting edge technology to conserve resources and manage the environment. In place of piecemeal or opportunistic development we see a balanced and sustainable community providing jobs, houses and education. A new Norfolk Broad providing habitats for a wide range of local animal and plant species. Dedicated employment floorspace providing a range of skilled and unskilled work. In short, a place where its easy for residents to live in happy and healthy lifestyles, and where looking after the environment is a pleasure not a chore.

How it could be ...

- An exemplar eco settlement with zero carbon footprint;
- Economically and socially sustainable;
- Renewable energy solutions including CHP and wind power ;
- Designed to maximise solar energy;
- Sustainable water management systems built in;
- Up to 5000 new eco homes with a mix of sizes, types and tenures;
- Over 100 hectares of wetlands and open space;

• Business and technology park.

The masterplan

Given the size of the site, and it's location at the westernmost gateway to the Broads, we believe RAF Coltishall offers the opportunity to create an exemplar place to live, work and relax. Our vision combines the best of the region's cultural and ecological heritage with cutting edge technology, the best of innovative housing design and enlightened place making techniques to create a new and exciting settlement where people and nature

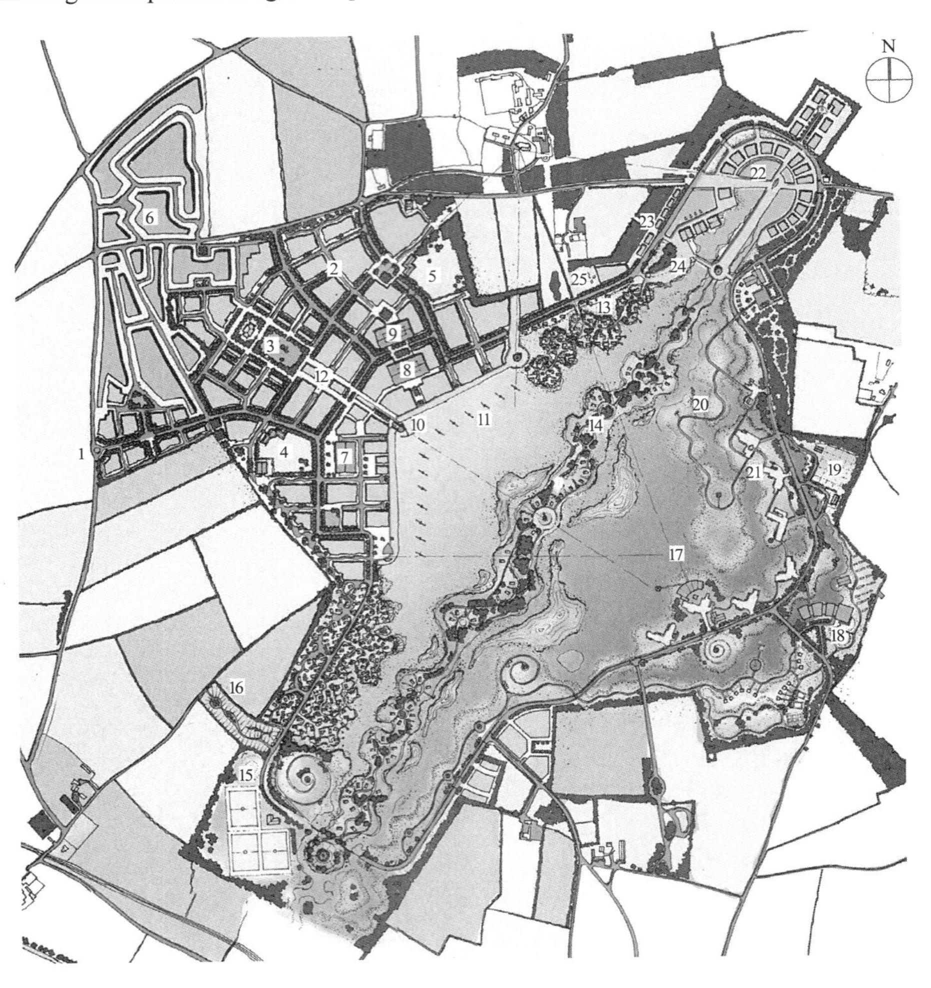

KEY

1 New gateway to RAF Coltishall
2 New urban village
3 Main Village park
4,5 Primary schools & nurseries
6 Existing housing at Lamas
7 Retained aircraft hangars: Douglas Bader Museum
8 community centre
9 CHP plant & biomass store
10 Retained control tower
11 Wind turbine array
12 Market square
13 Low density eco island housing
14 Low density housing on former runway
15 Sports pitches & pavilion
16 Allotments
17 Wetlands centre
18 Eco spa and hotel
19 Market garden
20 Boardwalks and reedbeds
21 Traditional crafts training centre
22 Business and technology park
23 Start-up business premises
24 Boatyard
25 Retained historic site

Illustrative master plan

coexist in harmony. This style of redevelopment is a current and innovative approach to regeneration.

The masterplan shown below encapsulates these ideas.

- Mix of housing, employment, retail, open spaces and leisure in close proximity;
- Innovative Eco House types and modern methods of construction;
  - A connected network of safe, accessible streets with dedicated pedestrian and cycle routes;
  - A mixed-use high street and waterfront providing local shopping and leisure opportunities;
  - 3 new primary schools, adult training opportunities, multi purpose community facilities;
- Built heritage and natural assets retained and incorporated;
- Hotel and Douglas Bader Memorial Museum;
- A wide range of employment opportunities.

Chapter 2 A visionary approach

A true community

Norfolk has always been an area that revolves around community, from arts and crafts and village markets to small local pubs and summer fairs. Our concept looks to capture this sense of community and take it to the next level, mixing a high spec modern day environment with traditional community values.

Our vision is not simply to build a housing estate but a fully self sustaining village with a mix of uses at its heart. 5000 houses would provide enough critical mass to support a lively high street and active water front with local shops and cafes, healthcare, business premises, community facilities and schools. With most residents' everyday needs catered for within a ten-minute walk, the need to drive will be reduced and the environment will benefit too.

A mixed use heart

- Mixed-use high street leading down to the lake
- Flexible ground floor spaces to enable a range of uses and changes over time
- Small scale retail providing for local needs
- Cafe, bar, restaurant and hotel uses overlooking the waterfront
- Central market square for weekly farmers' markets selling local produce
- GP surgery and dental practice
- Flexible community space with sports hall, library and meeting rooms
- Primary schools, nurseries and creches
- Small business units and business incubator floorspace

- Emergency service stations

A great place to live

It takes all sorts of people to make a community and it is important to attract a broad cross section of society. There will be a wide range of light and spacious houses and apartments enabling people from all walks of life to make their homes here. From young singles just starting out to growing families and empty nesters looking for a retirement haven, Coltishall's choice of eco-friendly housing will provide every opportunity for the community to thrive.

Homes for all

- Eco homes rating of 'very good' or higher
- Innovative designs to maximise solar gain and minimise energy loss
- Flexible house plans to accommodate new ways of living
- A wide range of house types and styles: town houses, apartments, semis and detached properties
- Affordable housing including rented, shared ownership and key worker
- A range of densities and character areas
- Local materials used in contemporary ways
- Accessible, flexible and responsive to change

An eco friendly development

The two main factors that govern environmental sustainability; the amount of resource taken from the natural world to build and operate the development, and the waste and pollution resulting from the use of these resources. At RAF Coltishall, the design and layout of buildings and open spaces will minimise these impacts through effective protection of the environment and prudent management of resources.

Power will be provided by renewable energy techniques including biomass fuelled CHP and wind turbines. Buildings will incorporate the latest cutting edge techniques to maximise solar gain, minimise heat loss, provide natural light and ventilation, reduce water consumption and maximise the potential to recycle. Grey water will be cleaned naturally by the wetland reed beds and rain water will be harvested through swales and natural drainage channels. Allotment land will be made available so that residents can grow their own organic food and the need to travel will be reduced by providing a good mix of facilities on site. Good environmental stewardship will be encouraged and homeowners will be provided with information packs to ensure they make best use of these eco features.

A reduced carbon footprint

- Maximise the use of renewable energy sources such as wind and solar power
- Innovative building designs to maximise solar gain and minimise energy use and loss

- Use of CHP which is twice as efficient as conventional energy production
- Use of biomass which is produced within Norfolk
- Use the Environmental Preference Method (EPM) for material specification
- Harvest rain water using permeable surfaces, SUDs and swales
- Clean grey water naturally using reed beds
- Minimise waste in construction by balancing cut and fill on site and reusing on site resources such as bricks and hard core
- Provide facilities for recycling householder waste
- Maximise the opportunities for walking and cycling

A great place to work

On a national scale the cost of running a business is rising. In and around city centres premises rental, transport issues and the higher costs of employment and general living costs put a great deal of pressure on businesses. Over the past decade relocation of businesses out of city centres and into more affordable areas has increased. We believe RAF Coltishall is ideally placed to capitalise on this phenomena – its attractive green setting and high quality living environment providing an ideal location for a new business and technology park enabling to attract first rate companies.

Other employment opportunities will also be created for both skilled and unskilled workers to take full advantage of the residents'potential including the types of employment which were lost when RAF Coltishall closed. The amount of construction work is obvious, but there will also be teachers, park rangers, shop workers, caterers, cleaners, doctors, groundsmen, ecologists, care staff and maintenance workers to name but a few. We also envisage a range of training opportunities, not least in local building crafts and wetland management.

Employment opportunities

- Wide range of skilled and unskilled jobs created
- High quality business and technology park in parkland setting
- Business incubator and start-up business premises
- Ideal location for footloose businesses and home workers
- Park rangers, wetland specialists and groundskeepers
- Teachers, doctors and community liaison staff
- Service sector including catering and cleaning

A haven for wildlife

On a global scale, wetlands are under significant pressure and the Norfolk Broads are no different.

The Broads are home to the largest protected wetland in Britain, however wildlife that thrived for centuries in the wet marshes and fen has disappeared as the habitat has been neglected, changed and lost. The redevelopment of RAF Coltishall offers a rare opportunity – the chance to create a new Broad and wetland from scratch. Having complete control over its design will ensure that relationships between habitats are complimentary, that biodiversity is maximised and that the Broad is of benefit to both humans and wildlife.

A great deal of detailed work would be required by specialists in the ecology and management of the Broads to arrive at the final design.

Increased biodiversity

- Approximately 100 hectares (around 40% of the site) has been allocated for the creation of this new wetland.
- The mosaic of habitats would include open water, fens and marshes, reedbeds, carr woodland and grassland.
- Over ten kilometers of new species rich native hedgerows connected to existing fi eld boundaries to create extensive wildlife corridors.
- New community woodlands with coppicing to provide building materials for the site (eg hurdles, living fences etc.).
- Native habitats to enrich the local eco system and encourage biodiversity.
- Management and education centre with bird watching facilities and ranger station.

A unique sense of place

As an airbase, RAF Coltishall has a long and illustrious history, including being home to Douglas Bader, the Battle of Britain hero. Although none of the buildings have been deemed worthy of listing, we believe it is important to retain visual links that celebrate its past. Maintaining these links gives communities a sense of continuity – engendering pride in their shared history and bringing a sense of belonging.

It is not only built heritage that makes these connections. The British landscape is full of clues to its past and the Broads area is rich in history; hedgerows and field boundaries, windmills and water towers, even the Broads themselves provide links with Norfolk's past which resonate with us now.

Celebrating local heritage

We propose to retain a number of significant buildings and features including:

- The flight control tower
- The line of the runway and airfield 'skirt'
- Blast walls

- Three air hangars (pending further study into conversion opportunities)
- All mature trees and hedgerows

We also propose to use local building materials and techniques, interpreted in a contemporary way, to ensure the new settlement is anchored in its setting and enjoys a unique Norfolk sense of place.

A place to learn

The primary school gates often function as the heart of the community – a place where children and parents make friends and learn the latest news. With this in mind, it is critical to integrate the schools as much as possible – by locating them in the heart of neighbourhoods close to other facilities, and by designing them to be multi purpose. School halls and gymnasia can double as community halls out of hours, playing fields can be used by kids' groups at weekends and IT facilities could potentially be used for adult education. As a rule of thumb, 5,000 new homes are likely to generate a need for three primary schools.

Lifelong learning

Gone are the days where a job was for life. Many adults are looking to retrain mid career and with this in mind, lifetime learning and skills training facilities will be provided. These will not only support courses in popular subject areas such as IT and Finance but also in skilled crafts such as hedgelaying, drystone walling and thatching. These skills would be transferred to the development, being used to uphold old East Anglian heritage and culture in the building forms and public spaces.

Chapter 3 Core concepts and strategies

Introduction

The RAF Coltishall masterplan has been designed on the following principles:

- A sustainable form of development
- Minimal impact on climate change
- High quality urban design

- A balanced mix of uses
- Community development and integration
- High quality, accessible open space
- Integration with existing transport routes
- Moderation of car use and precedence for pedestrians and cyclists
- Enhanced biodiversity
- Respect for history and context
- Minimisation of waste and reuse of materials
- Sustainability target monitoring
- Core concepts and strategies

The vision for RAF Coltishall has the potential to transform a disused brownfield site into a model eco settlement of National significance and it is therefore vital that the vision is designed to maximise its potential for sustainability. It recognises that a step change in quality is required which is not confined to purely visual considerations but also to climate change, construction and long-term management of the new settlement. The vision encompasses management of development activities to minimise the risk of pollution and contamination and promote the concept and aims of biodiversity. In developing the design, we will comply with all relevant environmental legislation and will strive to meet best practice in non-regulated areas.

Sustainable development as defined by the Rio declaration of 1992 is **'development which meets the needs of the present without compromising the ability of future generations to meet their own needs'.** To achieve this objective, the government has identified four core objectives:

- Social progress which recognises the needs of everyone;
- Maintenance of high and stable levels of economic growth and employment;
- Effective protection of the environment, and
- Prudent use of natural resources.

Environmental, social and economic concerns are addressed at a development-wide level. The layout, proportion and disposition of land-uses illustrated in the vision for RAF Coltishall have been determined with social equity and economic sustainability in mind. Renewable energy sources will be used wherever possible to provide power to public and private buildings and spaces. Houses will be designed to comply with the 'code of sustainable homes' and all buildings will seek to match or exceed the relevant targets.

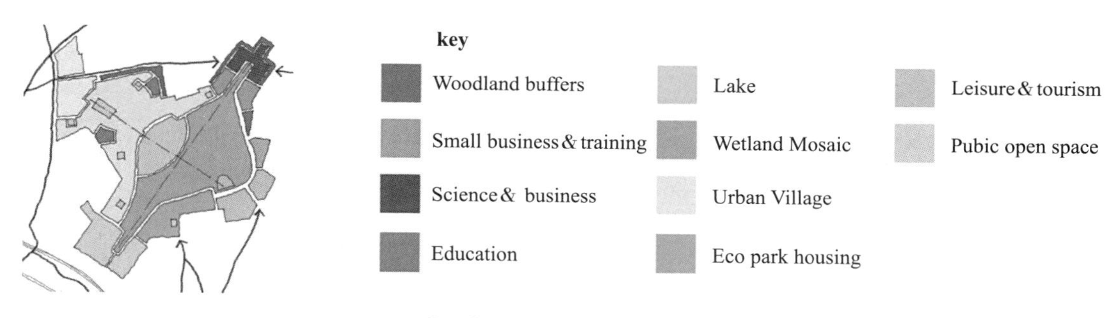

Land use disposition diagram

Minimising travel impacts

It is essential when considering the development of a proposed EcoTown at the former RAF Coltishall site to develop a transport strategy which minimises the use of the private car and provides alternative sustainable modes for all potential trips. In developing the strategy we have considered all potential trips whether it is for employment, leisure, retail or school and provided a range of travel options.

Sustainable transport strategy

The preferred development is situated approximately 12.5 km to the northeast of Norwich, immediately to the north of Coltishall. The main connecting route between Coltishall and Norwich is the B1150. The site is also approximately 6 km to the west of the Norwich to Sheringham railway line. This line currently has a service between Norwich and the coastal towns of Cromer and Sheringham. At Norwich, the service connects with Intercity links to London (Liverpool Street), Liverpool (Lime Street) and Cambridge.

It is intended that as part of the development there will be a mix of commercial and residential development which will provide opportunities for residents to both walk and cycle to work. It is proposed that a wide range of social infrastructure is to be provided on the site, including primary and secondary school provision, healthcare facilities, library provision, banking and financial facilities. The development will also include a neighbourhood centre providing essential shopping and retail facilities along with an on site leisure development. The provision of these facilities on site, all within easy walking and cycling distance of the residential development, will greatly reduce the need to travel by private car.

Highways access

It is recognised that even though a large range of services are provided on site, residents and visitors to the site may still want to travel to Norwich city centre for the wider range of employment, retail, social and leisure facilities. It is therefore proposed that the B1150 will be improved to Coltishall from the proposed Northern Distributor Road (NDR), providing a series of junction improvements and localised widening to provide a high quality vehicular link between Coltishall and the proposed NDR and the suburbs of Norwich.

A further new western link road is proposed to effectively act as a bypass to the village of Coltishall. This will assist in removing a large amount of the north/south through traffic from the village and provide a high quality link into the internal estate road network proposed as part of the development.

Key Proposals

- A new lite 'EcoTrain' rail service from the site to Norwich city centre;
- High quality pedestrian and cycle routes ;
- A new regular bus service coupled with bus priority measures ;
- A high quality vehicular link is to be provided to the site by an upgraded B1150 , and

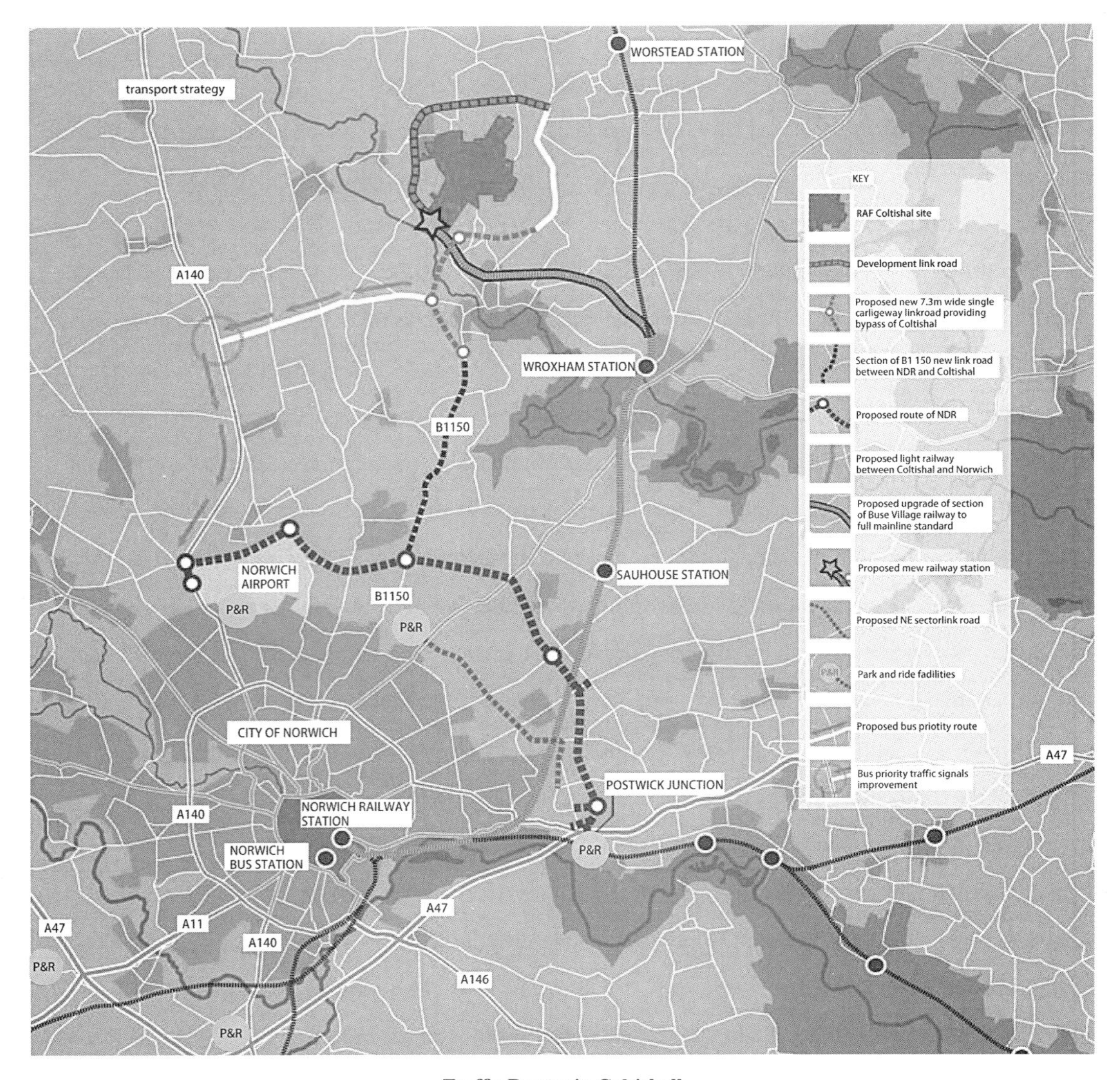

Traffic Routes in Coltishall

- Construction of a new Coltishall western relief road.

Rail access

It is considered essential to the success of the development that an improved rail link is provided between the site and the proposed development. At present the Norwich to Sheringham (Bittern Line) runs approximately 3km to the east of the site, with stations at Wroxham and Worstead. The Bure Valley Narrow Gauge Railway, which runs between Wroxham and Aylsham, passes close to the southern boundary of the site. This narrow gauge line was a former branch line and is now used for leisure trips. At present there are restrictions in being able to increase the frequency of services along the Bittern Line due to a single track section at North Walsham which severely restricts the headway along this route. It is therefore proposed that the section of the existing Bure Valley Railway between the site and Wroxham will be upgraded to full mainline standard gauge requirements. A new station will be constructed at the site along with improvements at Coltishall and Wroxham. The improvements at Wroxham station will allow a new platform to be provided and a waiting area to enable the mainline trains to pass. The newly improved Bure Valley section of track will then connect to the main Bittern Line at Wroxham station. It is then proposed to run a new lite EcoTrain service between the site and Norwich City Station. This service would also stop at Broadland Park linking the site with this strategically important employment site, providing a regular service without affecting the main line services.

Buses

Due to the important restriction in rail access, it is also proposed to provide a new regular bus service from the site to the city centre, linking the development with the retail and employment developments in the northern suburbs, Norwich International Airport, the Park and Ride and the city centre. It is proposed that this route will utilise the A140 Cromer Road route into the city. A series of bus priority measures will be introduced along this route which will be developed in partnership with the Highway Authority and the public transport operators.

Footpath/cycleway

An extensive network of high quality footpath/cycleway facilities will be provided within the development linking all of the key facilities. It is also proposed that, as part of the B1150/Link Road improvements, footway/cycleway facilities will be provided adjacent to carriageway where possible. These would also link to the long distance leisure routes in the area.

Travel plan

As part of the sustainable overall transport strategy, a travel plan will be developed and operated for the scheme. This will include a wide range of travel incentives and awareness measures. It is proposed that all dwellings will be Broadband connected with a central collection and ordering point for the main supermarkets, such as Asda, Tesco's and Sainsbury's. Discounted bus/rail tickets will be provided to occupants as well as details on individual travel plans. It is proposed that a Car Club facility will also be provided on the site. The plan will be agreed with the Highway Authority and operated by a dedicated on site Travel Plan Coordinator. It is also proposed to limit the availability of car parking on the site to try and encourage the use of the wider range of alternative modes that would be available at the site.

Summary

A comprehensive package of transport measures is proposed as part of the EcoTown proposed at RAF Coltishall. This includes a new lite EcoTrain rail service from the site to Norwich city centre linking the site to a number of key employment areas. High quality pedestrian and cycle routes would be provided for local journeys and a new regular bus service coupled with bus priority measures would link the site with the main facilities in the northern area of Norwich. A high quality vehicular link is to be provided to the site by an upgraded B1150 and the construction of a new Coltishall western relief road.

Minimising climate change

On average a household in the UK consumes 3300kWh per annum (as stated by the Electricity Association).

In 2004 the UK was responsible for the production of 152 million tonnes of carbon dioxide. The total energy consumption of the UK, in 2003, stood at 346.1 billion kilowatt-hours of which only 1% was produced by renewable energy.

With the pressures of the Kyoto agreement deadlines drawing closer, it can be expected that the UK government will be offering further incentives for users to switch to more environmentally friendly means of energy production.

Renewable energy

The core proposition for minimising RAF Coltishall's carbon footprint is the use of renewable energy sources to provide power to the development. Our aim is to create a settlement which is carbon neutral in terms of the total power consumption in use. Further technical investigation is required to fully consider the options, but initial research points to Combined Heat and Power (CHP) and wind power as the primary opportunities.

Combined heat and power

A major growth sector in the UK over the last several years has been the development of Combined Heat and Power plants to provide for a development's energy needs. CHP saves energy and pollution through the efficient use of fuel. It is twice as efficient as the conventional methods of energy production and produces half of the quantity of carbon emissions for an equivalent amount of heat and electricity from conventional sources. CHP is increasingly linked to community heating systems which can be used to provide hot water and electricity to a large number of houses.

Biofuel

The use of biomass as a fuel reduces carbon emissions by more than 90% compared with fossil fuelled systems. CHP can now be run on biomass fuels however in order to maximise the potential gains a biomass source needs to be located within 40 km of the CHP plant. In Norfolk this could be a real option -there is one large scale biomass fuel supplier in the Norfolk region supported by a few smaller scale suppliers. The new regional Anglia Wood Fuel Project is helping to pump prime demand in the area and there are incentives for additional production – all that is required is demand.

The capital costs for a biofuel system do exceed those of the conventional methods, however, the payback time for the extra capital is as little as 3 to 5 years, especially when the cost of the fuel itself is so much cheaper. There are also grants available for the introduction of wood fuelled heating. As an alternative to biomass CHP, it is now possible to install mini biomass boilers to individual houses. This could also be an option worth exploring.

Wind turbines

Wind power provides 100% renewable energy and is now cost-competitive with most conventional sources of electricity, even without incorporating external costs. A development size of Coltishall would consume upwards of 1,000,000kWh per annum. Commercial wind turbines are available which can supply up to 60,000 kWh per year and we would seek to provide at least part of the development's power load by this means. It may also be advantageous to provide individual properties with domestic roof mounted wind turbines and this option will also be explored.

Since man started to farm in Norfolk, the landscape has been dotted with wind powered pumps and mills. We see the use of wind turbines not only as an excellent power source for this exposed site, but also as a modern interpretation of these historic structures.

Solar power

RAF Coltishall enjoys excellent solar orientation and as a site wide strategy, the layout has been designed to maximise solar access for all buildings. The use of active solar collection and passive solar gain is more relevant to individual buildings and is discussed in the eco village section of this document.

The UK produces around 330 million tonnes of waste annually – a quarter of which is from households and business. The rest comes from construction and demolition, sewage sludge, farm waste and spoils from mines and dredging of rivers. The East of England region produces about 22 million tonnes of waste each year. If we carry on at this rate we'll run out of landfill space in five years' time.

(source: England Environment Agency)

Minimising waste

Reduce, reuse, recycle! At RAF Coltishall this strategy will underpin the attitude to waste across the lifecycle of development. The government pushing for greater awareness and responsibility by developers, businesses and householders and as landfill sites in the Anglia region are predicted to be full within 5 years it is imperative that we find innovative ways of reducing the amount of waste produced sent to landfill sites. At RAF Coltishall construction waste, household and business waste will all be subject to sustainable policies. Recycling targets will be set and closely monitored.

Land form strategy

The aim of the land form strategy is to balance cut and fill within the site. Wherever possible, cut and fill will be balanced locally within any given development area. The larger volumes of material generated by the creation of areas of open water will be used to create rammed earth structures to provide interest in the landscape or spread across the urban village to provide gentles slopes for SUDs and swales. At the site edges, and where it is desirable to retain trees and hedgerows, (marked 'neutral' on the diagram), there will be no overall change in levels in order to preserve the vegetation. It is not possible at this stage to measure the precise volume of cut as this will depend on the detailed design. Likewise, the distribution of fill will be affected by soil types and compaction.

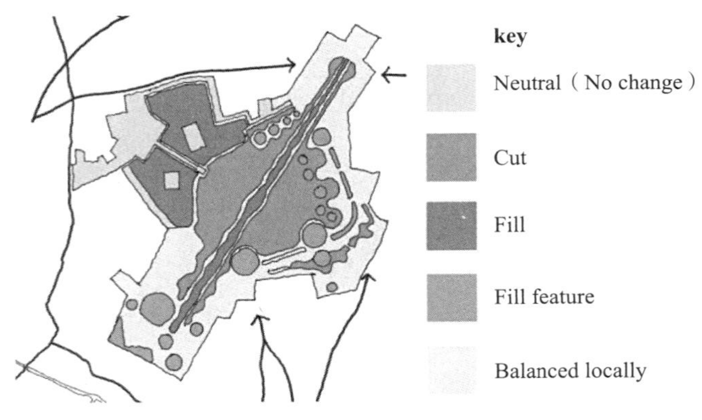

landform strategy diagram

Construction waste

There are many buildings at RAF Coltishall which are unsuitable for conversion or retention but this does not mean they will go to waste. Construction materials such as bricks, tiles and concrete can all be reused in new buildings. Areas of hardstanding such as the runway can also be reused in construction of new roads and buildings. Prefabrication of building elements can also help to reduce the amount of on-site waste produced.

- Use materials and techniques which reduce construction waste, both on site and in manufacture of building components. Consider adopting the BRE Construction Waste
- Management Schemes 'SMART Start™' and 'SMART Audit™' to assess, audit and minimise site generated waste.

Household waste

The average UK household produces about one tonne of rubbish per annum, amounting to approximately 27 million tonnes for the UK each year. The amount of rubbish we throw away is increasing partly because our population is increasing, but also because of lifestyle changes: increasing affluence leads to greater consumption and increasing pressures on personal time means more reliance on heavily packaged convenience foods. Packaging waste makes up about a quarter of all household waste, most of which could be recycled.

At RAF Coltishall responsible environmental stewardship will be expected: houses will be designed to make it easy to separate and store recyclable waste and we aim for a weekly kerbside collection. Composting will also be encouraged – a community compost initiative could encourage even the most reluctant gardener to make the most of their organic rubbish. Householder information packs will include guidance on recycling and composting.

Landfill Tax on household waste is currently set at £18 per tonne and will increase £3 per tonne per annum until the end of the decade. This cost ultimately rests with the council tax payers of the county.

A percentage of the Landfill Tax revenue can be 'recycled' back into projects which improve the local environment or contribute to the development of more sustainable waste management.

Waste management options can be ranked in a hierarchy reflecting sustainability:

- Reduction
- Re-use
- Recovery
- Recycling
- Composting
- Energy
- Disposal

Building-in-use waste

- Provide means for individual occupants to segregate and recycle consumer waste
- Provide on-site recycling facilities such as Euro-bins for glass, paper/cardboard, plastics, metals

and clothing

- Develop a segregated waste collection strategy with the Local Authority
- Provide the means to collect green waste separately to be composted on site–possibly for use on the allotments.

Effluent

- Reduce building foul water discharges
- Avoid mixing surface water with foul water
- Use SUDS for surface water handling to avoid the exporting of surface water for treatment off site

Environmental management

An Environmental Management System will be designed for the whole RAF Coltishall development which will govern environmental issues throughout the life – cycle of the development through the design, construction and operational phases. We suggest that each phase be managed by a series of area specific procedures grouped together under three plan: a Design Management Plan, a Construction Management Plan and a Development Stewardship Plan.The procedures included in these will be used to implement the sustainability and environmental design objectives previously discussed.

A New Norfolk Broad

Key principles for the development of the landscape:

- Create a connected network of green spaces to enrich the landscape and encourage biodiversity
- Extend and strengthen hedgerows (up to 10km of new species rich native hedgerows)
- Retain existing mature trees
- Provide a mosaic of wetland habitats including fen, marsh, carr woodland, sedge grassland and reed beds
- Manage access for the benefit of all
- Plant blocks of community woodland to provide windbreaks, shelter and vertical relief

Introduction

Approximately 100 hectares (close to 40% of the site) has been allocated for the creation of a new mosaic of wetland habitats. We envisage this would include open water, fens and marshes, reedbeds, carr woodland and grassland. Properly designed, the wetland could bring a multitude of benefits both to the new community at RAF Coltishall and to the surrounding area. We would seek to work with recognised experts including The Broads Authority, English Nature, wetland ecology specialists, academics and local interest groups to develop the design.

We would seek to maximise the new Broad's water management potential as well as its potential to

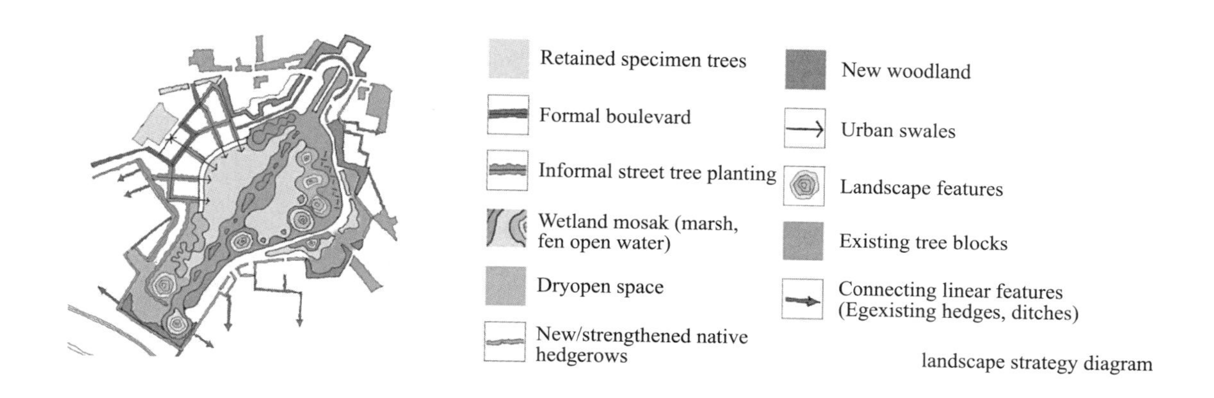

landscape strategy diagram

increase biodiversity. With the right balance of landscape types it may be possible to use the wetlands to clean water naturally, balance surface water run off and storm water through sustainable urban drainage (SUDs), provide recreational amenity and even act as a reservoir for residents.

Landscape strategy

The core concept underpinning the landscape strategy is that the landscape and built form are developed hand in hand to ensure a balanced and complimentary relationship which benefits both human and wildlife communities.

The majority of the site consists of featureless grassland and it is this that will be transformed into a rich mosaic of habitats designed to support local flora and fauna. The landscape design will be supported by the concept of preserving and enhancing existing ecological assets and connecting into offsite wildlife corridors and habitats.

We seek to take full advantage of the site's proximity to the Broads National Park. The Broad's fens support over 250 different plant species of which many cannot be found anywhere else in lowland Britain, our challenge will be to enrich the landscape at RAF Coltishall to this degree; constructing and managing this major new ecological asset to make a major contribution to the biodiversity of the area.

We see no conflict in the concept of a man made Broad. The Broads were previously thought of as drowned natural depressions in the land, however in the 1960s it was proved that they were actually medieval peat diggings dating mainly from 1100 to 1400 when peat was used for fuel. Over the years, as sea levels began to rise the pits began to flood. Despite the construction of windpumps and dykes, the flooding continued and resulted in the typical Broads landscape of today, reed beds, grazing marshes and wet woodland.

The Broads has been classified as a 'Special Protection Area' (SPA) made up of 28 'Sites of Special Scientific Interest' (SSSI).

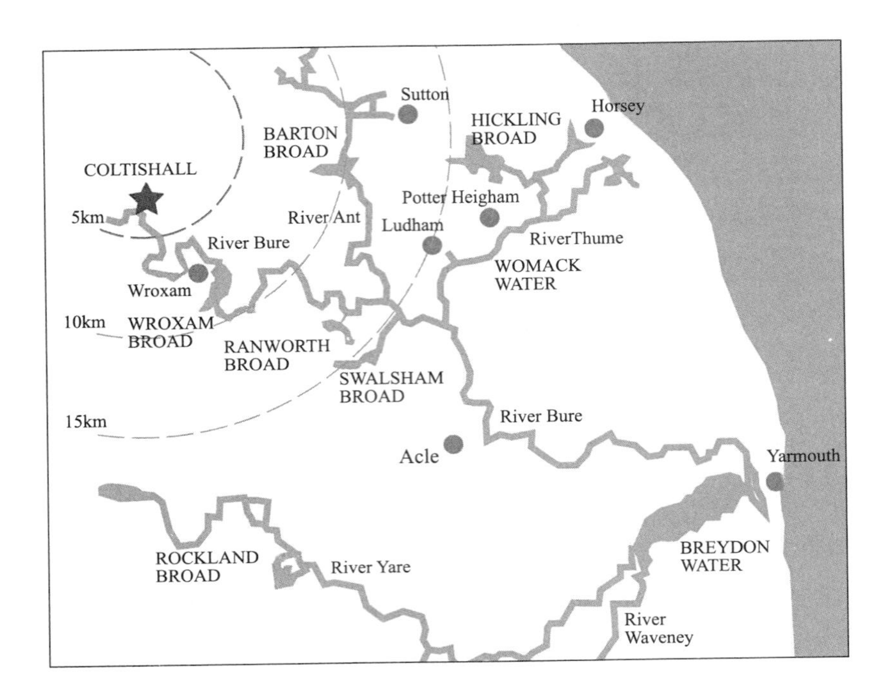

- Development should not lead to a loss of biodiversity and ideally should enhance it
- Important habitats and species should be protected from harmful development.
- Any adverse effects should be avoided, minimised and/or compensated, and
- Every opportunity should be taken to create improvements for biodiversity, so making a significant contribution to the achievement of national, regional and local biodiversity targets.

Biodiversity Supplementary Planning Guidance for Norfolk?

Biodiversity

Biodiversity is recognised as a key indicator of sustainable development, as it offers social, economic and environmental benefits in terms of quality of life, local distinctiveness, lifelong learning, recreation and tourism.

At RAF Coltishall, biodiversity should be conserved and enhanced across the site in accordance with the National Biodiversity Action Plan (UKBAP) which sets out the broad strategy for conserving and enhancing wild species and wildlife habitats in the UK for the next 20 years. The overall goal of the UKBAP is:

'To conserve and enhance biological diversity within the UK and to contribute to the conservation of global biodiversity through all appropriate mechanisms.'

Progress with biodiversity action plans at a national and local level is one of the government's headline indicators of sustainable development. RAF Coltishall is covered by the Biodiversity Supplementary Planning Guidance for Norfolk and landscape and development should be designed to meet the principles outlined in this document.

East Anglia is 34 percent drier, 6 percent hotter and 6 percent sunnier than England & Wales as a whole, which makes this the driest Region. Land use is mainly agricultural with 58 percent of the most productive agricultural land in England and Wales.

The Broads are a network of mostly navigable rivers and lakes in the English counties of Norfolk and Suffolk. The total area, the majority of which is in Norfolk, is 303 km^2, with over 200 km of navigable waterways. There are 7 rivers and about 50 broads, mostly less than 12 feet deep, of these only 13 are generally open to navigation.

This is predominantly a contrast between large, open, grazing marshes and low lying wetland which is an intricate mix of Broads, waterways, reed swamp, fen, carr woodland and some arable cultivation.

The Broads and some surrounding land were constituted as a special area with a level of protection similar to that of a national park, drawn up under The Norfolk and Suffolk Broads Act of 1988. The Broads Authority, a Special Statutory Authority responsible for managing the area, became operational in 1989.

Over the course of many centuries, Norfolk's wildlife habitats have become increasingly fragmented into small and isolated pockets. In recent years, it has become apparent that protecting wildlife simply by designating small nature reserves is inadequate. Wildlife finds it difficult to survive in such conditions and has continued to decline even in nature reserves. It is now recognised that the landscape as a whole needs to be managed with biodiversity in mind. It is important to begin reconnecting the fragmented habitats together to make them larger and to enable wildlife to move between them by creating an ecological network. This will become increasingly important to climate change, as habitats and species seek to adjust to the rapidly changing conditions.

Some of the wildlife that can be expected in this environment include:

- Swallowtail (Britain largest butterfly)
- Norfolk Hawker Dragonfly
- Reed Warbler
- Marsh Harrier
- Otters
- Watervoles

Some of the plant life that can be expected in this environment include:

- Fraxinus excelsior

- Quercus robur
- Alnus glutinosa
- Liparis loeselii (Fen orchid – nationally protected)
- Cornus sanguinea
- Lychnis flos-cuculi

A question of scale

The creation of a new Norfolk Broad is a challenging undertaking. The scale of the proposals is significant and, if realised, would make a major contribution to biodiversity in the area. The diagrams below show how much space the open water area of existing broads would take up on the site and are intended to give some ideas of the scale of the proposition.

Our illustrations give an idea of what the new wetlands may look like, however, it will require a great deal of expertise to design the new wetland area. Careful consideration must be given to existing habitats on site as well as to the design of the new wildlife areas. The potential for natural SUDs and water purification must also be considered. It may be that the final plan looks very different to the illustrations in the vision but the core idea will remain. What really matters is that the design maximises the potential for increasing biodiversity, reducing pollution and bringing pleasure to all.

Housing in close proximity to the wetlands is also possible - there is no reason to assume that effective management of the wetlands would exclude human interactions. The majority of this area would be open to the public but managed and controlled by means of designated boardwalks and footways. The landscape should provide delight and surprise with narrow vistas through woodland or reed giving out onto wide open fen, marsh and water. Our concept will provide employment opportunities for wardens in the wetlands employed to maintain the environment and ensure the ecology of the local area is extended and allowed to thrive. Training will be provided for anyone in the local community should they desire to work in these areas.

This form of sanctuary is not a new concept, the ‘Lower Mills Estate’ in the Cotswolds is a unique housing development, within a 180 Hectare wildlife reserve. Previously, this area was rundown from years of industry neglect, however, after a decade of sensitive development, a huge unpolluted nature reserve has been created. Flourishing flora and fauna, professionally tended woodland, lakes and meadows are all within secure boundaries providing a wide range of resident and visiting wildlife.

A new destination

Towards the end of the Victorian period the first boat yard offering wherries and yachts was opened. Today the broads support 65 boat yards hiring out boats to more than a million visitors per year. However with so many visitors significant pressure has been applied to the surrounding natural environment. Due to this, restrictions have been implemented and only 13 broads are open to navigation.

In the creation of a lake and wetlands, we are also looking to provide boating facilities which would alleviate existing pressure at the other 13 broads. Further plans are to provide a well stocked lake for fishing, bird hides for admiring the natural wildlife, cycle paths and nature trails, an obstacle course and an animal farm for children and in order to provide refreshments, cafés, restaurants and bars.

All of these aspects create a thriving tourist attraction leaving excellent commercial implications, including new businesses, greater employment opportunities and increased local revenue.

A new eco settlement

A sustainable community

There's more to creating a sustainable development than energy efficiency. Sustainable places are those where people choose to live and choose to stay. Attractive places where people can enjoy a high quality of life throughout their lives. Places which feel safe and secure, where it's easy to find your way around and where civic spaces really do inspire civic pride.

A sustainable development is one which sits comfortably in its setting and which can respond to changing circumstances over time. A place where local heritage and character are celebrated and where everyone's everyday needs can be met locally.

To achieve these objectives good urban design must be at the heart of decision making. The balance of uses and choice of housing, the layout and proportion of streets and spaces, the overall scale and massing and the design of individual buildings must all be carefully considered to create a successful and lasting place.

The following key features have been used to structure the proposals:

- The existing pattern of built form – location, orientation and symmetry
- The concrete 'skirt'– existing road loop which connects all parts of the site
- The runway – a notable feature for its size and strong linearity
- Concrete blast walls – have historical interest and provide a degree of vertical relief in the landscape.
- The control tower–a landmark building defining a central axis with 360° views across the whole site.

The core strategy for the distribution of new uses within the site is to maximise the benefits of the

masterplan key

1,2 New gateways to RAF Coltishall
6 Existing housing at Lamas
9 community centre CHP plant & biomass store
12 Market square
15 Medium density housing
18 Retained historic site
3 Main Village park
7 Retained aircraft hangars
10 Retained control tower
13 Low density eco island housing
16 Start-up business premises
4,5 Primary schools & nurseries
8 Douglas Bader Museum
11 Wind turbine array
14 Low density housing on former runway
17 Boatyard

existing topography and the spatial relationships of buildings, roads and vegetation. Microclimate and solar orientation have informed the vision as has the existing configuration of the air base.

Land use strategy

The village is concentrated in the northwestern part of the site where it can form direct connections with the existing housing at Lamas to create a single settlement. Much of the remainder of the site is envisaged as predominantly open space structured by the concrete 'skirt' and runway. Within the skirt, a new Broad is proposed, created in the tradition of the existing broads which are themselves artificial features created by human hand. The line of the runway will bisect the broad creating two linked water bodie: to the north, a publicly accessible lake designed to accommodate water sports such as rowing, boating and swimming; to the south, a wetland nature reserve comprising a range of habitats for native bird and fish species including areas of open water, fen, marsh and woodland.

Low intensity leisure is proposed to the east of the wetlands in the form of an eco hotel, spa, restaurant and retreat. This is located where it could have a separate access if required. Higher intensity leisure including formal and informal public open space enjoys a southerly aspect at the tip of the boating lake and at the north of the site, where it can be directly accessed from the existing road structure, a new science and technology park is clustered at the head of the Broad. The built form of this area will act as a baffle to cold northeasterly winds.

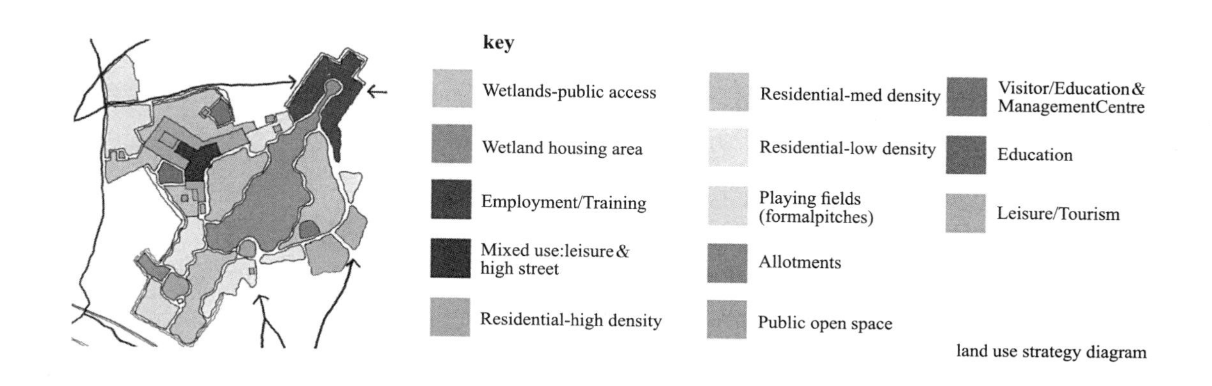

land use strategy diagram

Objectives of urban design

- A place with its own identity
- A place where public and private spaces are clearly distinguished
- A place with attractive and successful outdoor areas
- A place that is easy to get to and move through
- A place that has a clear image and is easy to understand
- A place that can change easily
- A place with variety and choice

A balanced mix of uses

Five thousand houses will provide enough critical mass to support a variety of uses within RAF Coltishall. The balance of uses will be diversed enough to provide for local needs and of an appropriate scale to avoid competing with established settlements nearby. The vision promotes a mixed-use village heart where retail, leisure and employment uses sit alongside higher density residential properties and a large public park. Clustered around the heart, new housing is arranged in two 'neighbourhoods' each with a smaller, local park and primary school.

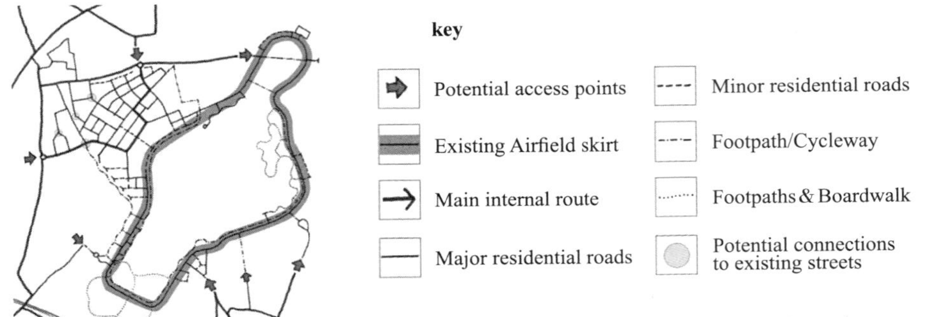

internal movement strategy diagram

Retail

Retail facilities are essential to our concept, both in support of the business community and the local residential population. Of primary importance are retail facilities for FMCG companies, which would stock a mixture of local produce and the more conventional fare that is available at the average supermarket. At the centre of the scheme is a market square where we hope to establish a weekly farmers market.

Community

Community uses are also key, with three primary schools and a multifunctional community space included. Pending discussion with the Local Authority, further social facilities such as a 'one stop shop' and library may also be supported.

Leisure

Formal and informal leisure opportunities are provided in the form of cafes and restaurants along the waterfront, a range of parks and pitches, and of course, the wetlands. There would be opportunities here to create walking, cycling and jogging trails, birdwatching and boating facilities. Finally, employment would be provided both in the new employment park and also across the development in the form of unskilled service work and professional services.

An accessible and inclusive development

The vision promotes accessibility and local permeability by creating neighbourhoods that connect with each other and are easy to move through, putting people before traffic and integrating land uses and transport. Legibility through development that provides recognisable routes, intersections and landmarks to help people find their way around. Existing landmarks are incorporated at the end of vistas to create a visual network across the site that aids navigation and provides visual delight.

Even after cut and fill has altered the topography of the site, the majority of routes will be more or less flat making it easy for all in society, including disabled and elderly people and people with prams and pushchairs to move around. Street clutter will be kept to a minimum and streets will be well lit and enclosed by development which clearly defines private and public areas. These properties will have front doors onto the street and will overlook the public spaces to ensure they feel safe throughout the day.

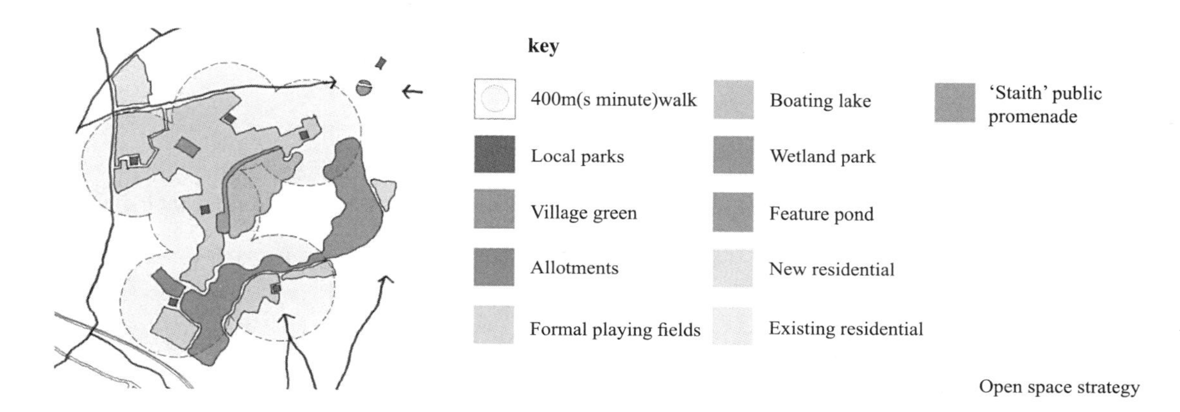

Open space strategy

A unique sense of place

RAF Coltishall's unique sense of place will be derived from its air force history and from Norfolk's wider culture. A number of existing buildings will be retained as landmarks within the development, including the control tower which is so evocative of the airfield. The distinctive symmetrical urban grain will be retained, together with the mature trees to give a mature character to the townscape at the outset.

A healthy and active lifestyle

The wide choice of open spaces created in the vision will encourage residents to live active and healthy lifestyles. Each neighbourhood will have its own local park with play equipment and amenity space within 250m of all houses. A much larger, central village park is envisaged at the heart of the scheme, incorporating many of the existing mature trees. This park would have a wider range of facilities including play equipment for older children, multi use games areas, grassed areas and planted gardens.

Public sports pitches and courts are located at the south of the site, sheltered behind a low bund and tree planting. Also near here are the allotments where the community will be encouraged to grow their own organic fruit and veg. The wetland offer further opportunities for exercise-walking or jogging around the airfield skirt trail or strolling on the boardwalks. We hope that everyone will take the opportunity to enjoy the fantastic landscape on their doorsteps.

In breathing new life into the RAF Coltishall base, our concept allocates just over 75 hectares to housing at 40 dph (dwellings per hectare). This would provide 5,000 new homes of which 30% will be affordable, therefore providing 1,500 affordable new homes for the area. A further 15 hectares is allocated for very low density housing in the wetlands.

A choice of high quality housing

For a place to be truly sustainable it needs to provide attractive housing that meets the needs of a wide range of people. People need to be able to move around within the area at different stages of their lives - first time buyers need starter homes or apartments, expanding families may need more space, and the elderly may want or need assisted accommodation. In RAF Coltishall the strategy will be to provide a wide mix of houses in a range of styles .

Design approach

Houses would combine traditional materials with the latest innovations in building technologies to create an architectural character which sits comfortably with Norfolk's unique sense of place, seamlessly blending the past and the future.

Eco homes

The introduction of eco homes. on the site is a major factor in our proposal. The eco homes are focused on the reduction of the environmental impact of a development through good design and informed decisions.

Affordable housing

Throughout Norfolk there has been a significant drop in the availability of affordable housing. With the rise in house prices far outweighing the rise in income and the average house price currently at around £100,000 potential first time buyers are unable to buy.

Passive design principles

The principle
breathable construction
thermal mass
natural materials
woodfired radiant heating
} = increased comfort & minimal carbon footprint

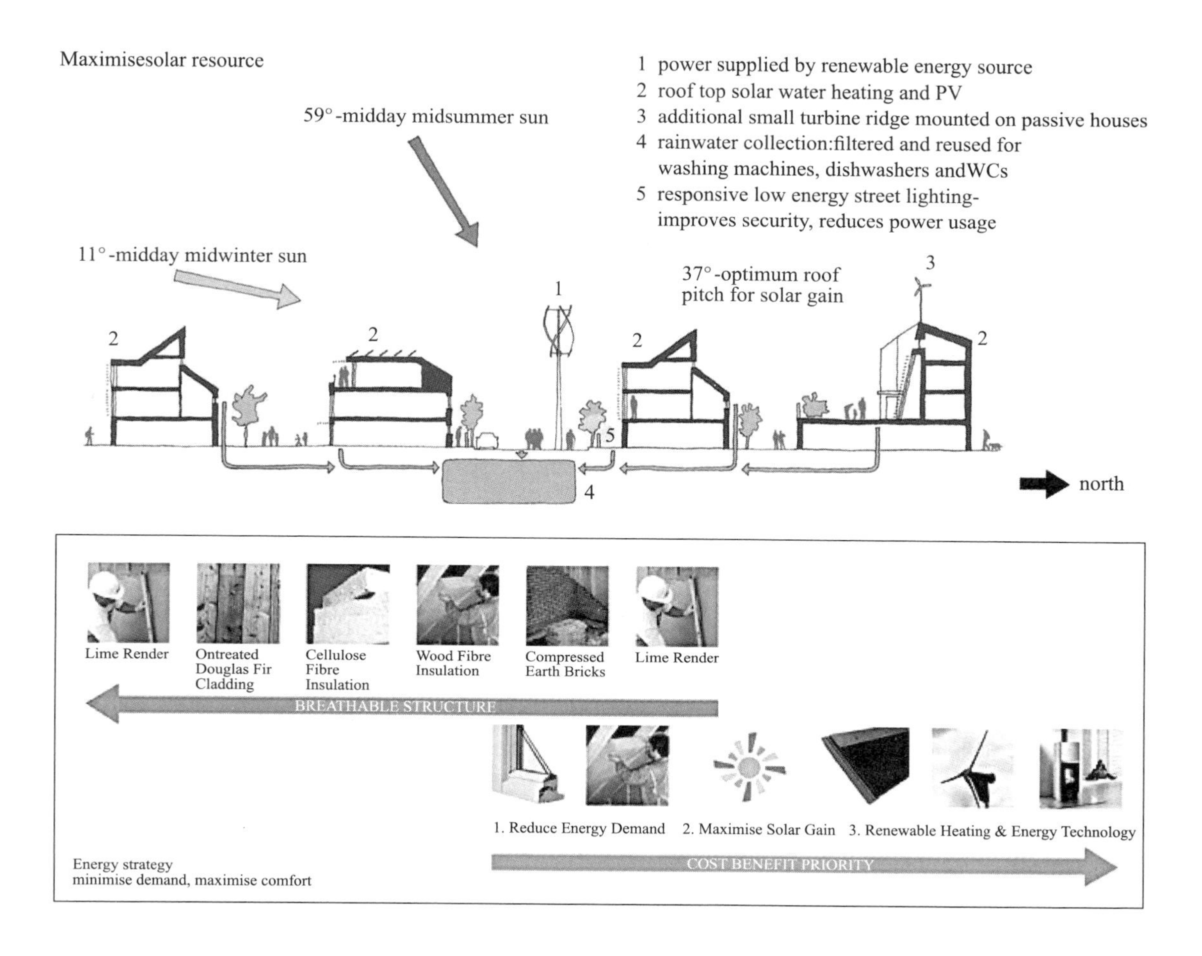

Layout

1. Minimise overshadowing of public and private open spaces through careful consideration of building massing.
2. Orientate dwellings to maximise passive solar gain (NB: this objective must be balanced against providing overlooking and enclosure to streets – use house type plans appropriate to their location and orientation).
3. Ensure the landscape design minimises the potential impact of wind and other undesirable microclimates, and provides shelter or shade where appropriate. Consider computer modelling to aid the design of good conditions for inhabitants.
4. Use compact building footprints to minimise energy waste.
5. Design at higher densities, (average density across the site not to exceed 60 DPH), to reduce operational energy consumption.
6. Reduce the need to transport people and resources – use local workforce in construction, design

for close proximity living and working, ensure walking and cycling routes are safe, attractive and convenient.

7. Design for high quality, low maintenance front gardens to ensure streets remain attractive and well maintained in the long term.
8. Plan parking to minimise clutter and maintain attractive streets.

Construction materials

1. Consider use of the Environmental Preference Method (EPM) of material specification to ensure environmental preferences are considered alongside other factors such as costs and aesthetics in the decision making process. This will provide a best practical solution for minimising waste, lengthening the life span of components, designing for flexibility and promoting reuse and recycling (see: Anink, D., Boonstra, C., Mak, J. (1991) "the Handbook of Sustainable Building", James and James (Science Publishers) Ltd.).
2. Use whole life impact assessment of materials – particular materials can significantly reduce building-in-use resource consumption.
3. Make maximum use of environmentally preferred materials: minimise use of virgin non-renewable natural materials and increase use of renewable resources.
4. Use recycled materials, particularly those that need minimum reprocessing.
5. Where possible, source building and landscape materials from no more than 100km distance from locality to reduce embodied energy.
6. Use certificated timber, preferably from Forest Stewardship Council (FSC) Certified Forests – in accordance with the UK Woodland Assurance Scheme, or timber products incorporating waste.
7. Heat-treated timber should be used to extend the life of joinery.
8. Use construction techniques and materials to reduce the volume of material required.
9. Prefabricate building components where possible.

Construction technology: A low carbon approach that uses natural materials to increase human comfort

Low cost in use

1. Aim for zero defects.
2. Design for low and predictable future maintenance.
3. Use appropriate modern technology to ensure dwellings are energy efficient and reduce building demand for fossil fuels and other non-renewable energy sources.

A combination of the following techniques should be considered:

- Active solar collection – active solar panels on appropriate south facing roofs and elevations.
- Passive solar design – use of sun rooms, trombe walls, thermal mass etc.
- Tight building envelope for low infiltration.
- Good u-values and thermal mass.
- Grade energy to better match building energy demand and renewable sourcing.
- Specify easy to use equipment and 'A' rated appliances.
- Use appropriate techniques to reduce water demand from occupants (see previous section, water conservation)

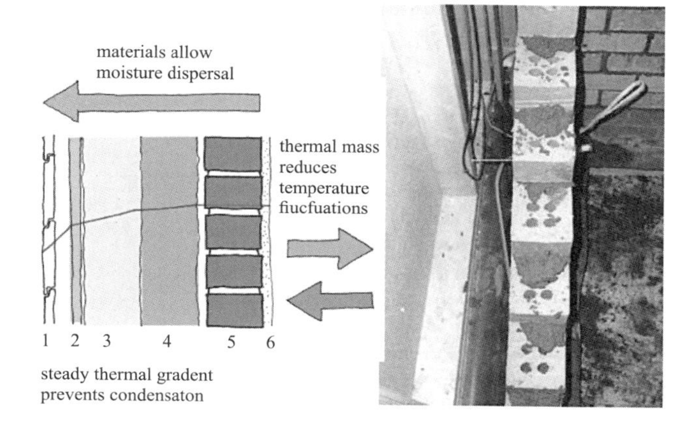

1. timber cladding or lime render
2. breathable recycled sarking board
3. cellulose fibre insulation
4. wood fibre insulation
5. compressed earth brick wall
6. lime or clay plaster

Water conservation

1. Source non-potable water on site from rain and grey water.
2. Provide for collection, storage and appropriate use of rainwater and other grey water by residents and other occupiers.
3. Design roof spaces to store rainwater for non-potable usage.
4. Use non-potable water sources for non-potable demand.
5. Use natural filtration techniques for grey water.
6. Minimise drainage run-off by reducing hard surfaces, using permeable surfaces and using innovative landscape solutions such as Sustainable Urban Drainage Systems (SUDS).

7. Reduce in-building demand for potable water.
8. Use appropriate wastewater treatment.
9. Use green roof technology where appropriate.

Design for the Future

1. Ensure dwellings are 'future-proofed' to cater for changing lifestyles and upgraded technology.
2. House type plans to be flexible to enable live/work and cater for changing lifestyles over time.
3. All dwellings to be cabled for access to a RAF Coltishall Intranet. This will provide real-time information on local services, organisations and events.
4. Re-wireable cable entry routes to be provided to all dwellings.
5. Initial ICT installation to include duct provision for BT cabling with additional, separated duct network for alternative telecoms provision.
6. Duct installations must not preclude connection to VDSL at a later date.
7. Voice and data points to be provided in all habitable rooms plus kitchen.

Auditable environmental design

It is important to be able to measure the green credentials of a scheme in order to ensure sustainability remains a creditable objective in construction. New homes will be assessed against the code for sustainable homes with the aim of achieving maximum rating.

Part L of the building regulations has made it mandatory to provide a SAP (Standard Assessment Procedure) rating for all new dwellings. Ideally, homes at RAF Coltishall should expect to achieve a minimum SAP rating of 100. As SAP only has regard to space and water heating costs, it may be desirable to also use wider environmental assessments of their homes:

Code for Sustainable Housing

This is a new code which rates new houses on their sustainability performance. We would aim to achieve the highest rating on the majority of properties.

National Home Energy Rating (NHER)

The National Home Energy Rating is more accurate than SAP as the rating takes into account the local environment and the affect it has on the buildings' energy rating. It calculates the costs of space and water heating as well as cooking, lights and appliances. Dwellings should be designed and constructed to achieve an energy efficiency rating of not less than NHER 9.

Eco Homes

The Eco Homes scheme is a flexible and independently verified environmental assessment method for residential buildings run by the Building Research Establishment (BRE). It is used to measure objectively the extent to which sustainable approaches have been incorporated in the development and will consider dwellings in terms of their procurement use and disposal. A broad range of issues are taken into account including climate change, energy efficiency, embodied energy, transport use and ozone depletion. Dwellings at RAF Coltishall should expect to achieve a minimum Eco Homes rating of 'very good'.

BREEAM

It is expected that non-residential buildings will be rated using 'Bespoke BREEAM', the BRE's assessment tool for buildings that do not fall into the category of residential or office use. BREEAM assesses the performance of buildings across a wide range of issues including management, energy use, pollution, transport-related CO_2 and location-related factors, ecology, construction materials and water consumption. Ideally, non-residential buildings should expect to achieve a minimum BREEAM rating of 'very good'.

Non-residential buildings should also have full regard to the environmental standards set out by any relevant organisations. For example, GP surgeries should meet the standards set out by NEAT (NHS Environmental Assessment Tool), schools should comply with the DfEE's 'Building Bulletin 87' and BRESCU's 'Good Practice Guide no. 173'.

State of the art employment: Providing jobs to suit

No settlement can thrive without providing the means for its residents to earn a living. At RAF Coltishall we aim to provide enough on-site employment floorspace and work opportunities to provide for all residents of working age. Of course we recognise that not everyone who lives at Coltishall will work there, and vice versa, however providing opportunities to live and work in close proximity is a step towards a truly sustainable settlement.

We believe RAF Coltishall could offer the ideal location for businesses looking to relocate out of city centres and into more affordable areas. Its attractive green setting and high quality living environment would be an ideal location for a new business and technology park able to attract first rate companies.

Other employment opportunities will also be created, including the service industry positions which were lost when RAF Coltishall closed. Jobs for both skilled and unskilled workers will happen as a result of the development: construction work including specialist skills such as thatching, teachers, park rangers, shop workers, caterers, cleaners, doctors, groundsmen, ecologists, care staff and maintenance workers to name but a few. We also envisage a range of training opportunities, not least in local building crafts and wetland management.

Chapter 4 Summary

We have outlined a visionary approach to the future of RAF Coltishall which we hope has inspired and informed. The beauty of this vision is that it does not stand or fall by its individual components – if not a wetland then why not a woodland? If not wind power then why not solar? It is the overall strategy that is important and it will take cooperation, enthusiasm and an eye on the bigger picture to make it happen.

The vision may be challenging but it is not impossible. It will require political will, support from the community, a wide range of expertise and a healthy dose of conviction but RAF Coltishall really does have the potential to become a model community for future generations.

This is a fantastic opportunity for Norfolk. It would be a shame to miss it.

附录 2

英国第一生态城镇
——西北比斯特规划精编文本

The first eco-town in the UK: North West Bicester

Chapter One Introduction

North West Bicester is first eco-town in the UK. It is a Masterplan to bring more homes and jobs to Bicester. The first phase is known as the Exemplar and this phase received planning approval in July 2012.

North West Bicester is governed by Central Government's, Eco-town Planning Policy Statement(PPS). No previous eco-project in the UK has demonstrated such a comprehensive set of eco credentials, which meet the original PPS requirements.

This is a vibrant flagship project bringing investment, homes and jobs to the town. It will create resilient, safe and strong communities and provide desirable homes that inspire and empower people to achieve a better lifestyle. North West Bicester is a pioneering project backed by environmental integrity and a long-term vision for the area.

Leading housing provider A2Dominion are leading on the Masterplan for NW Bicester and are the developers of the first Exemplar phase. A2Dominion work in partnership with Cherwell District Council and have appointed a number of expert consultants to deliver this ground breaking scheme.

The Exemplar, which is soon to be underway, is the first phase of a Masterplan to create up to 6,000 new eco homes and jobs in North West Bicester, which will grow strategically, in timed phases.

The first residents will start to move into the Exemplar in 2015 and we expect the entire phase to be completed in 2018.

Chapter Two Vision

At North West Bicester, there are four visions for creating vibrant, high quality and sustainable community that incorporates green infrastructure and energy-efficient design whilst protecting and enhancing the existing landscape.

2.1 Spatial Vision: Creating space for a new way of life

While retaining 40% of the environment at NW Bicester as green space, this pioneering community will not only house up to 6,000 future-proof homes, it will also create outstanding green spaces, a business park and many sports and leisure facilities.

Thanks for great assistance and approval for publication from Sir Terry Farrell

The overall design is centred around four urban and four rural areas interconnected through green "lanes" which include both direct and leisure routes, so everyone can get from home to work, and play, in no time at all.

Key destinations for new and existing Bicester residents to enjoy will be the tree-lined Boulevard, the tranquil Bure Stream and the picturesque Rural Edge, each adhering to the masterplan's aim to fully integrate urban and rural needs.

Set within this unique environment will be high quality homes that every generation can enjoy for generations to come - from starter homes, to family homes of all sizes, bungalows and extra-care provision, together with all the facilities needed to create and sustain a vibrant community life.

These will include new schools, community centres, nurseries, a health practice, a town square, a community farm, allotments, an orchard, a country park and a nature reserve with a mosaic of grasslands in which the local waterways will be revealed and enhanced for everyone to enjoy.

The exceptionally green infrastructure will encourage healthier lifestyles, promote sustainable transport choices and support start-up business units where sustainable practices are encouraged. In short, this is a community designed to give everyone ample opportunity to stretch their imagination as well as their legs.

To encourage healthy eating, we've included edible landscapes and community allotments for growing local food and we aim to plant a fruit tree in every single garden.

2.2 Energy and Social Infrastructure: Putting energy to better use

Our guiding principle at NW Bicester is to Reduce, Re-use and Recycle; at every level.

Every new home will incorporate the very latest energy-saving building materials and design to guarantee increased air tightness, super-efficient insulation, passive solar orientation and cooling, together with the best possible use of natural daylight and ventilation. We're building homes that will stay warm in winter and cool in summer – naturally.

Rainwater harvesting will also be incorporated into the design of all residential properties to reduce waste of this precious resource. And if it rains too hard, NW Bicester's Sustainable Drainage Systems will mitigate any risk of flooding.

Community energy centres will provide heat and hot water to people's homes and business, enabling NW Bicester to be a true zero carbon community with local residents and businesses benefitting from reduced energy consumption. Significant coverage of solar photovoltaic panels to homes and businesses will generate energy and help to reduce energy bills.

There will be plenty of opportunities to reduce travel by car and minimise CO_2 emissions, because every home will be within 400 metres of a bus stop and within an easy ten-minute walk of local shops and primary schools. With so many beautiful and spacious green lanes, it will be easy for everyone to cycle to work in and around NW Bicester. And for those who travel a little further, there will also be improved cycle and bus routes into Bicester that can connect into improved rail connections to Oxford and beyond. Real time travel information in every home will make use of public transport more accessible.

In keeping with our eco principles, we aim for zero waste to landfill during the construction of NW Bicester. In addition, every home will have exemplary re-cycling facilities, an allocated space for composting and residents will be encouraged to Freecycle unwanted items.

2.3 Sustainable Vision: Meeting today's needs without harming tomorrow's

NW Bicester will be a showcase to the world what a sustainable future can look like by enabling people to live affordable, happy and healthy lives in high-quality homes that use resources wisely and enhance their natural environment.

By pioneering the highest standards in sustainable construction, using low-carbon materials; attracting green businesses; and creating demand for more sustainable products and services across the town, NW Bicester will benefit many future generations.

NW Bicester will provide residents with the opportunity to make sustainable lifestyle choices through the delivery of educational activities, events and green travel planning initiatives. We aspire for the whole of NW Bicester to a become a flagship One Planet community following in the steps of the first Exemplar phase.

We are committed to capturing and disseminate learning from the eco town, inspiring multiple audiences including policy makers, professionals and the general public.

The network of rural footpaths and cycle ways and a series of bus only road links will mean public transport is more rapid and frequent; enabling people to make sustainable travel choices. With a car club and network of charging points for electric vehicles, for those that do still require cars for longer journeys, we will inspire the use of hybrid or electric vehicle.

NW Bicester will reduce water use by almost 40% by including water efficiency in all buildings, plus rainwater harvesting linked to an exemplary Sustainable Drainage System – helping local residents to save on resources while also protecting the environment.

2.4 Community Vision: Fresh ideas, traditional values

Creating a vibrant community is at the heart of all our plans, because NW Bicester's most valuable resource will be its people. So we've included all sorts of ways to make residents feel part of something great. There are so many safe places for everyone to enjoy the environment – nature trails, sports and leisure parks, attractive walks to the shops and schools, characterful places to meet in the new town square, public art spaces and no less than four new community halls catering for residents of all ages.

Space will be provided for the potential for a farmers' market that will sell locally produced food. We're even creating edible landscapes to encourage foraging and understanding of wild foods.

Residents will be engaged in community life and have a strong sense of identity and belonging built upon the integrity of NW Bicester's eco-principles.

This visionary place will encourage active involvement from every generation, develop pride in their community and share in its success. The community will also have strong connections with the wider area through effective partnerships, ensuring that it is seen as part of Bicester, not separate.

New employment opportunities will be provided to complement the needs of the market and long-term aspirations of NW Bicester, but these will never seek to undermine existing employment opportunities in the local area. NW Bicester will provide one job for each home built within a sustainable travelling distance. On site, this will be supported by a business park and eco business centre, and both homes and businesses will benefit from a superfast fibre-optic broadband network.

The flexible layout of our eco homes will allow extra space for working from home, which will in turn reduce travelling needs and encourage people to tap into the local economy.

Our whole vision is about creating a green infrastructure which will provide sustainable ways to live and work for people of every age.

Chapter Three Project Introduction and Overview

The Vision for NW Bicester is to create a place and a community which is led by landscape and seamlessly integrates with the existing community in Bicester as well as the rural countryside, to provide new homes, employment facilities within a community structure that demonstrates and achieves the highest level of environmental performance of any similar scale development, in a manner that integrates and benefits the wider town.

3.1 Aims and Purpose

The NW Bicester masterplan creates a new landscape led community; that integrates green and blue infrastructure with the existing historic town and communities. This results in creating a 'complete place' and a continuous human landscape which not only provides new green spaces, parks, allotments, sports facilities, a nature reserve, a country park and a riverside landscape for the new community but more importantly increases, the provision of and access to, green spaces, amenity facilities and the countryside; for existing residents of Bicester.

The existing rural farmland which is on Bicester's doorstep is private and not widely accessible to the general public, by strengthening links, improving and upgrading footpaths and the addition of new public footpaths and river and woodland walks, access to the countryside is improved for all and the existing assets including the Bure Stream and existing woodland and hedgerows to the north west of Bicester can be enjoyed by Bicester residents.

In creating a Vision for NW Bicester and Eco Bicester, guidance will be drawn from the 'Supplement to PPS1 ET 1.1' which states that, Eco-towns should develop unique characteristics by responding to the opportunities and challenges of their location and community aspirations

1) Place making and Landscape

— History relates to Narrative

— Site Specific place making

— Use landscape and green infrastructure as a key driver

2) Energy, Water and Recycling

— Create a true zero carbon energy use in buildings

3) A green travel plan led development

— To provide opportunities for change in travel patterns to reduce car use by providing alternative sustainable travel choices.

4) Connect site and surrounding communities together

— Create a variety of urban places and public realm which provide for the local community

— Provide new development which fits into the rural character and retains an identity

5) Play, work, live and learn

6) Enrich the area with high quality design

7) Grow the social infrastructure to make a sustainable community

8) Proactively engage with the community and stakeholders

9) Meeting the housing needs of the local population

10) Create Employment and management of the Eco Town

A masterplan brief has been prepared with the Council and this has served to guide the formulation of this masterplan, in the context of wide ranging and continuing consultation and engagement.

The Masterplan is intended to set out the framework for the future NW Bicester development and is intended to be used to help guide all forthcoming planning applications.

This framework sets out the content to be illustrated in this chapter which was split into 10 subject areas; this guidance forms the Vision for the NW Bicester masterplan.

3.2 Project overview

The land to the north of Bicester is generally in agricultural use, and is located outside of the existing A4095 ring road. The site perimeters are approximately 1.5km from the town centre and 0.5km from the villages of Bucknell and Caversfield. The development at NW Bicester is planned to be true zero carbon and to build a new community of up to 6,000 homes, as well as new employment opportunities and attractive amenities all built to be environmentally, socially and economically sustainable.

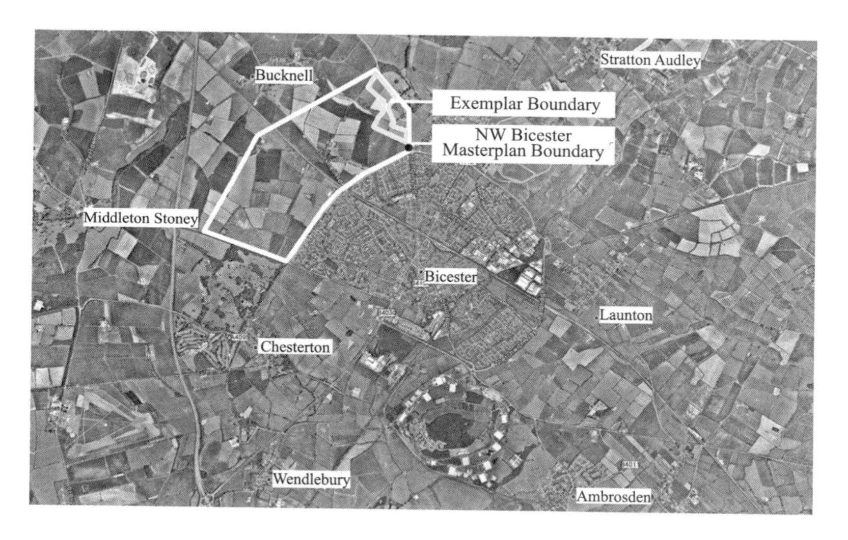

3.3 Planning Process

Planning permission has been secured for the first exemplar phase of the development and will provide 393 homes, a new primary school, local shops and offices, an Eco-business Centre and attractive public spaces, connected with a network of green spaces leading to the existing countryside.

The development will be well integrated with the rest of Bicester and its rural landscape; providing an incremental and gradual development, over the next 20 years and beyond to support Bicester's future.

Chapter Four NW Bicester Masterplan-Key Principles

Key Principles:

1) Providing up to 6,000 homes.

2) Ensuring a mix of affordable housing is included.

3) Ensuring 40% of the overall eco town comprises of open spaces and green landscape infrastructure.

4) Creating 1 job per home within a sustainable travel distance.

5) Achieving a zero carbon energy standard for all buildings.

6) Achieving a shift from car use (to below 50%) to other more sustainable travel.

7) Ensuring homes are built to a minimum of Code 5 for sustainable Homes Level and BREEAM excellent standards.

8) Making the best use of technologies in energy generation.

9) To allow for future climate change adaptation by incorporating forward thinking technologies and design.

10) Providing real time energy and travel monitoring in every home.

11) Ensuring high levels of energy efficiency in the fabric of the buildings and their design.

12) To provide primary schools located within 800m of all homes.

13) To enable and encourage local food production.

14) Attaining a net gain in local bio-diversity.

15) Aspiring to water neutrality.

16) Creating a management program to ensure zero waste goes to landfill during construction.

17) Making commitment towards a Local Management Organisation.

Chapter Five NW Bicester Masterplan-Key Elements

5.1 Spatial Structure and Form

NW Bicester will create a series of new places, adding to the quality of the urban realm and integrating existing Bicester with the new development and communities. Our approach has been to create an overlay of great new spaces, to provide the new landscape, to meet the challenges in making NW Bicester a key part of the Eco Bicester. This goes further than mitigation.

Four new urban places will be created. Bicester at present has two existing high streets, one in the historic market town core and a 20th century commercial version in Bicester Village. The NW Bicester high streets and urban places will be a mix of identifiable places of a predominantly residential character with some commercial and community uses to create a balance. The four new urban places will be created: the boulevard, the exemplar high street, the cross and the square. These places will be mixed use at the edges close to the existing town creating places for social focus between new residents, local people and visitors. The cross will be a key place at the centre of NW Bicester masterplan, and a gateway where routes cross from under the railway and across the Bure stream.

Four new green places will be created: parks, village greens, green lanes and the green loop. New housing will be grouped around existing landscapes enhanced with new green open spaces and new local urban streets and squares. New parks will be created adding to the existing Bicester town green space connected with a network of green lanes. A network of green lane cycle and walking routes will be created with a combination of direct links between green areas and key destinations and looping interconnected routes which will allow residents and local people to explore the wider landscape.

Green lanes will make direct shortest route of travel an advantage for foot and cycle connections to the town centre and key connectors, such as train stations, schools and employment areas. Direct links will be provided for frequent bus services providing an advantage in time and accessibility over car use.

1) A coherent NW Bicester

The creation of the masterplan relies on the successful connection of existing Bicester; its existing countryside, historic town centre, retail and business areas and existing housing developments; with NW Bicester creating a holistic place.

The success of the development relies on successful local connections to the rural countryside, with NW Bicester acting as an intermediary between the rural countryside and urban town. This includes integrating with existing small communities and villages as well as making the countryside more accessible to existing residents.

2) The surrounding communities

The existing arable farmland which is historically related to a landscape of small villages and farms creating a network to provide food for the town centre market. The surrounding communities and villages have played a large part in Bicester's development to date. Local communities include the nearby villages of Bucknell and Caversfield- historic manor estates and the existing estates in Bicester south of Howes and Lords Lane.

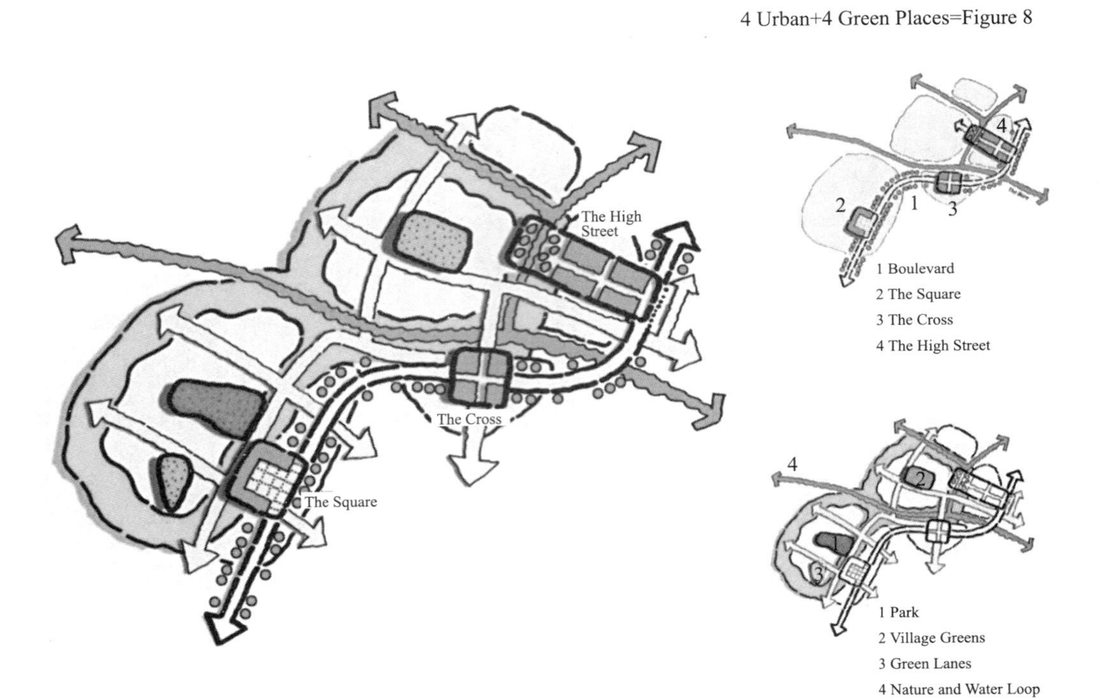

5.1.1 Linking communities through social infrastructure and transport

1) Rural meets Urban

Exiting communities have limited access to the countryside. The masterplan for NW Bicester provides a unique opportunity to 'open-up' the countryside and the Bure stream to the residents living to the south of Howes Lane.

The new development will become the transition between higher density urban development to the south, with its existing hard edge to the country, and the rural farming landscape to the north. This will be achieved by pulling the countryside further into the plan with a series of green links and networks, and allowing the benefits and facilities of new schools, local centres and infrastructure to facilitate the new development.

Both new and existing residents of Bicester will have access to a wealth of green infrastructure such as a nature reserve, parks, sports facilities, allotments and orchards, riverside walks, play areas, rain gardens, woodland and a country park.

2) Creating new connections

By reducing the barrier of Howes Lane and creating a new Boulevard which encourages green connections north to south and connects with Shakespeare Drive, Dryden Avenue and Wansbeck Drive, the transition between rural and urban can be bridged.

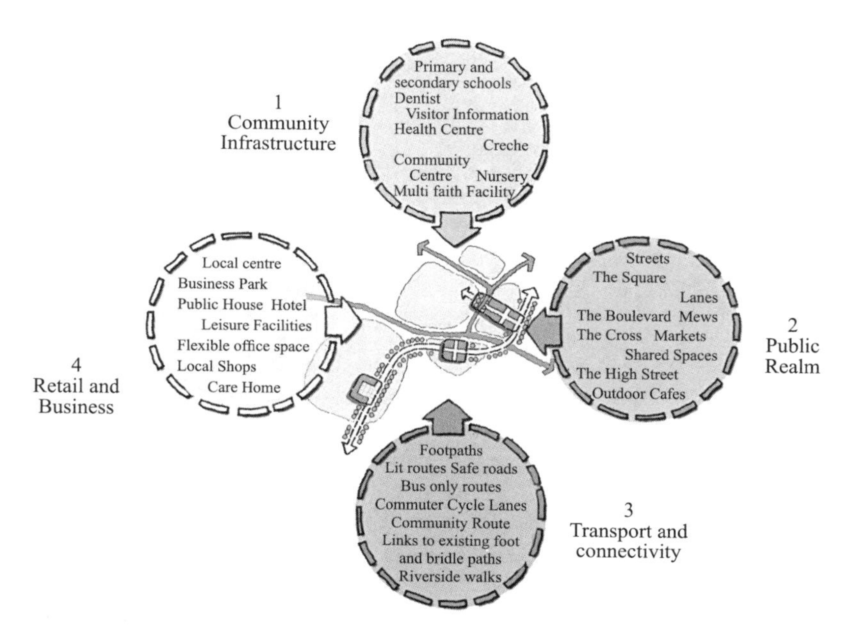

The new Boulevard will provide front doors for homes, shops, business, health, education and community facilities and will create strong pedestrian priority and shared public spaces.

5.1.2 Linking communities and improving connections to blue and green landscapes

New housing will be integrated with the existing neighbourhoods and pedestrian crossings will be provided on roads between existing and new housing and community infrastructure to integrate the communities providing ease of movement.

A network of new pedestrian and cycle routes will connect to the existing network to create a holistic movement strategy, providing easy, safe and fast access to the railway stations, the town centre and to Bicester Village and Kingsmere. It is key that new routes and connections are legible and easy to understand so that users can easily and safely move through the new development as well as connect with the existing communities in Bicester.

1) Connectivity through shared amenity and social infrastructure

New community infrastructure will be located within close walking distance of homes to be shared with existing residents. New social infrastructure will include: local shops, a multifaith facility, business centre, schools, community centres, health centres.

5.1.3 Character Areas

1) Existing character areas in local context

It is important that NW Bicester feels like a place, with a set of coherent identities and characters.

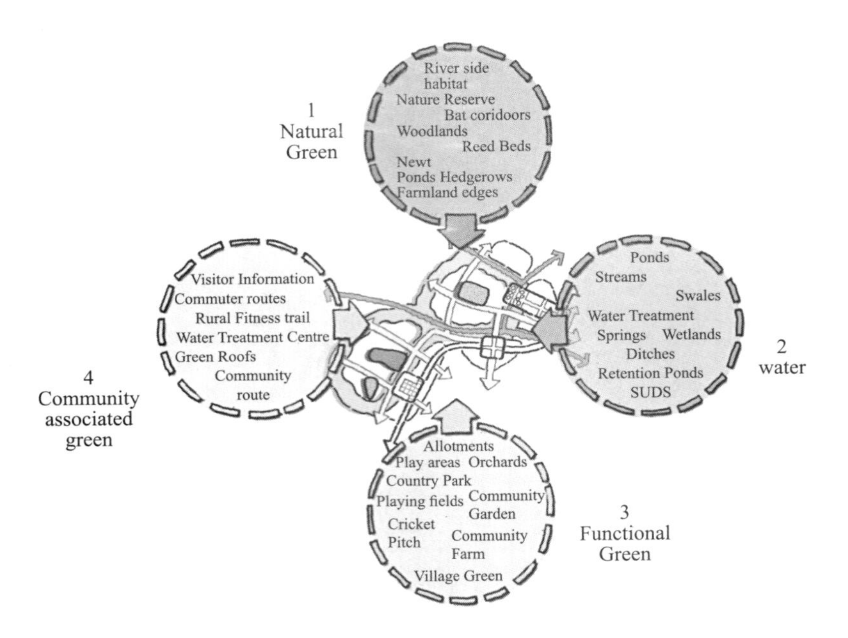

The existing site and its rural and urban context is made up from a number of landscape character areas comprising of rural and arable farmland, existing housing estates, Caversfield, Bucknell, Bignell House and Park, Home Farm, Bure Park, the existing historic town centre, the railway, river and M40 corridors. Each of these character areas have many differant characteristics, amongst them; species of trees, ratios of green to urban space, vernacular architecture and materials, habitats and ecologies, micro climates, populations and so on.

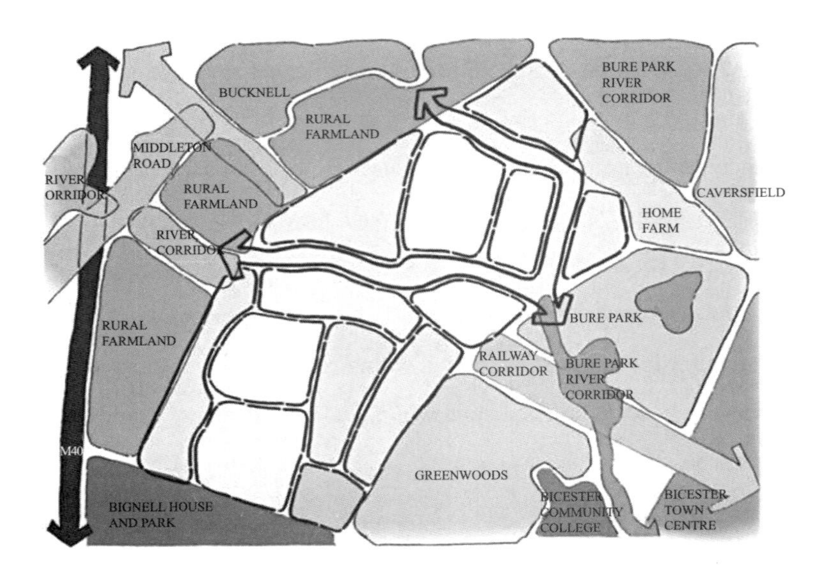

2) Proposed character areas

By creating a set of new character areas and breaking the masterplan down into areas which are complimentary to existing Bicester, relate to and take influence from the existing landscape characters and retained natural features, we can begin to grow new places which are more site specific and pose less impact on the landscape. This will ensure that the development feels like a special place which is heavily influenced by its location and rural heritage.

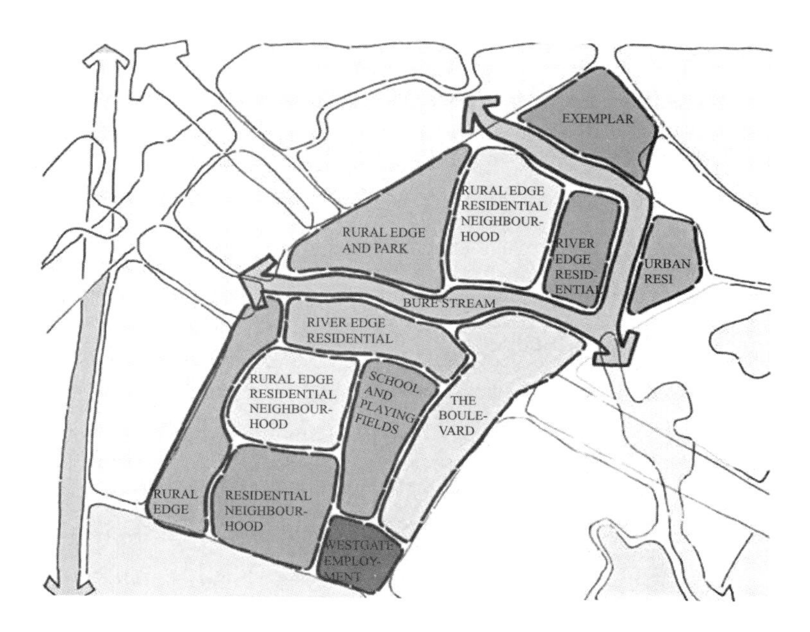

5.2 Landscape and Green Infrastructure

1) Proposed landscape

The NW Bicester Masterplan will have 40% green space across the development. This will comprise a mix of public and private open space. By creating an outstanding natural living environment, very different to other high volume residential developments, NW Bicester will encourage a healthy lifestyle with the outdoors on the doorstep. The vision is to emphasise local distinctiveness, whilst protecting habitats, and encouraging outdoor activity for the existing and future residents of Bicester. The masterplan aims to achieve the following criteria;

(1) To conserve and enhance habitats and provide a net gain in biodiversity

(2) To demonstrate that 40% of site will be allocated to green infrastructure providing generous multi-functional landscape elements.

(3) Make green infrastructure the primary infrastructure to connect with existing rural surroundings

(4) Reveal, enhance and integrate the existing watercourses in open spaces

(5) Development should be located to utilise the natural topography and existing landscape features, retaining local landscape distinctiveness providing screening, which would augment and protect the existing rural landscape.

2) Protecting existing natural habitats

The Masterplan has been designed sympathetically taking into account the existing natural habitat from the outset. Almost all of the existing hedgerows, the woodland and streams will remain to ensure the site's natural beauty and natural habitats are preserved. New habitats will also be created in the man-made reed beds, swales and ponds, encouraging and strengthening species. Meadow grass will be planted in certain areas of the site to encourage wild flowers to grow and biodiversity to flourish, and a nature reserve is also being proposed. Existing bridle ways and footpaths are integrated into the Masterplan providing access to the wider rural area through the new development.

3) Opportunities for outdoor activity

Generous landscape and recreation spaces for sports and play will be in central areas, to encourage community use. All of these spaces are designed to be linked by green corridors to provide easy access to outdoor activity for residents of NW Bicester and the surrounding communities.

The Masterplan proposes to consolidate green space for formal leisure activity and sports into two locations to create viable and accessible sport and leisure for all. Alongside the large swathes of sports pitches and plays areas, other options being proposed as part of the Masterplan consist of a nature reserve, a community farm, formal and informal park areas, a green gym and activities circuit, and a 10km green loop. The design will also incorporate a large number of community allotments to encourage people to grow food and bring the community together.

4) Unique landscape creation

All development will be located to fit within the existing landscape features where possible in order to retain natural distinctiveness which would augment and protect the existing rural landscape.

A mix of urban and rural quality green space with green corridors ensures an attractive and accessible network for both people and wildlife.

Footpaths and cycle routes that interlink throughout the site and connect to the town and the surrounding countryside will encourage such uses and greatly enhance health and quality of life.

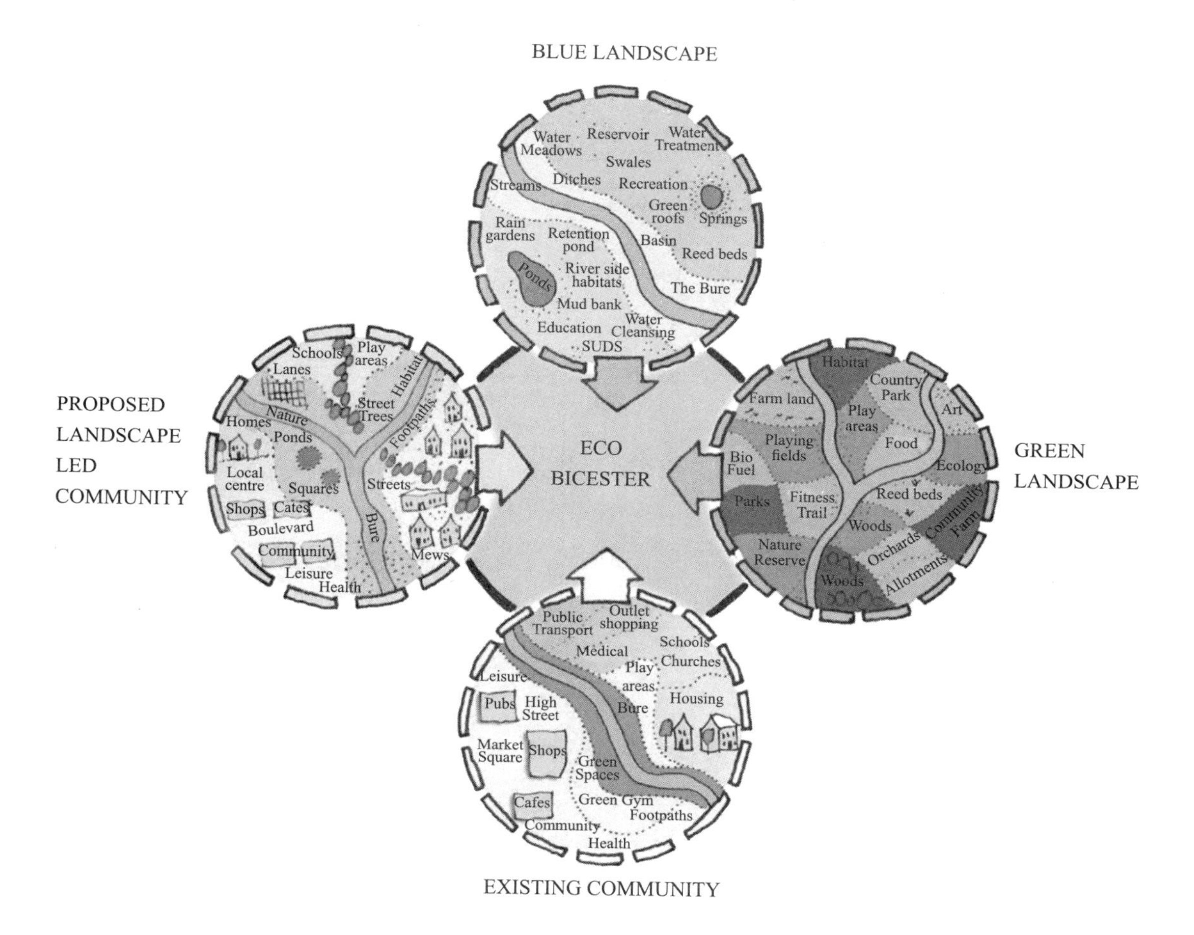

5.3 Living and Working

The Masterplan will consider the lifestyle and needs of the community now and in the future. Community facilities are intended to benefit both the NW Bicester population and the population of the wider town. As each phase of the masterplan develops, a social mix and balanced community will be incrementally created through each phase and neighbourhood as it grows.

1) Creating new facilities

New local centres will provide a strong community focus, and be located close to existing and proposed connections and housing to maximize footfall and viability.

Community facilities on the Masterplan will create two vibrant and mixed use local centres which complement the existing retail and services. Primary schools will be located close to the local centres and green spaces with the secondary school are to be located in the central area to the south of the railway line in close proximity to bus routes and to sport pitches. There will be the provision of 4 new community halls,

2 for each side of the railway line, 4 new nurseries and a new health practice.

2) Improving Bicester's existing facilities

Other contributions will be put forward towards improving facilities off-site, these include: library, adult learning, day care, fire and emergency, community hospital, special education needs, museum resources, skills and training.

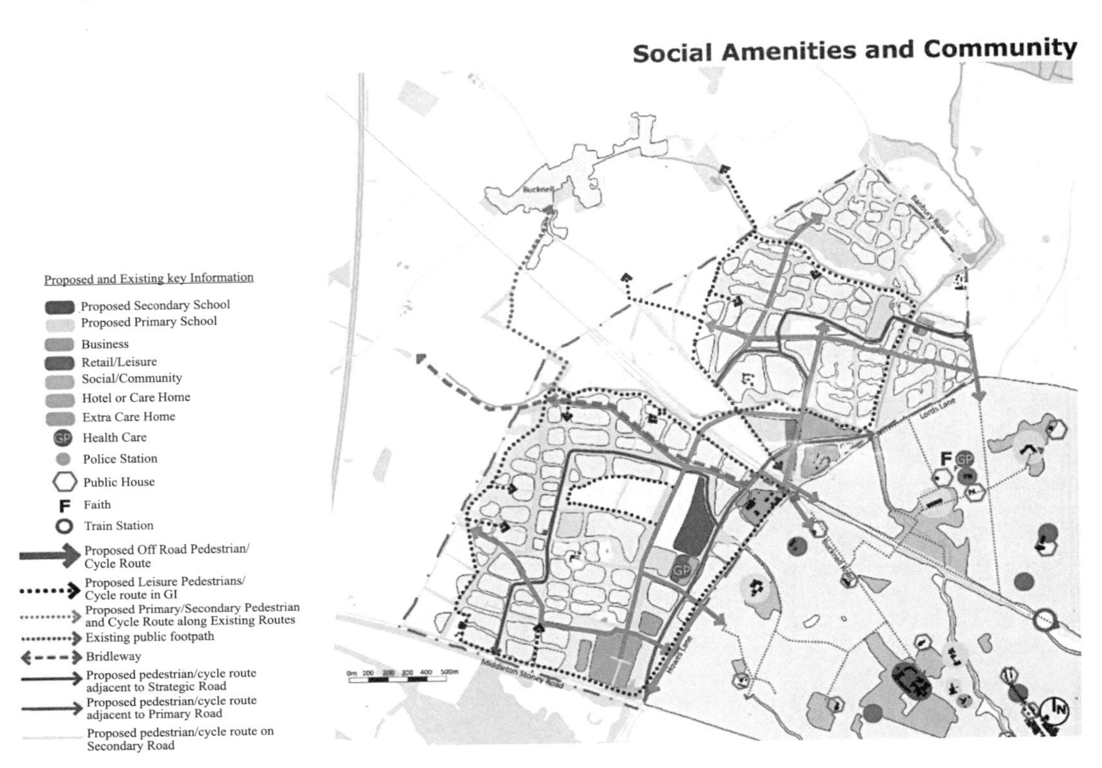

5.3.1 A Great Place to Live

Up to 6000 new homes will be provided, at a range of tenures and forms to meet the needs of the community.

The residential strategy seeks to ensure:

(1) That new homes are provided in a form that meets the needs of the community over the lifetime of the development;

(2) That the strategy is sufficiently flexible to accommodate the changing needs of the community; That the design of the new homes provides for new greener and sustainable ways of living, both based on current and also future technologies;

(3) That the design and form of new homes meet the needs of the market and community;

(4) That the development is viable and achievable.

1) Housing mix

Types of housing will be in line with the expected future growth for Bicester. The mix of properties will be varied and include a full range of 1,2,3,4 and 5 bed homes; this will predominately be in the form of houses but will incorporate some bungalows and flats.

Homes will be designed to fit in with and enhance the existing town and will incorporate affordable housing. Specialist housing, such as extra care accommodation, will also be incorporated along with other specialist tenures where there is an identified need.

2) Home specification

Homes in NW Bicester will be built to lifetime homes space standards with a minimum CSH Level 5 for Sustainable Homes. They will incorporate water conservation measures to achieve water neutrality and be highly insulated to achieve high air-tightness.

Low energy equipment and rated white goods will be incorporated throughout as well as the inclusion of highly efficient photovoltaic (PV) solutions to ensure homes are more energy efficient.

Flexibility in house layout will provide opportunities for extra space to enable home working; for example roof trusses in the loft space, or garages convertible to office or work spaces and all homes will have access to a superfast fibre optic broadband network.

5.3.2 A Great Place to Work

The masterplan will stimulate transformational change in Bicester's economy, in three main ways:

1) The creation of as many new jobs as homes – previously, many new residents of Bicester's housing areas have had to commute out of the town to work;

2) The creation and growth of firms which use NW Bicester as a platform to exploit growing local and regional demand for sustainable construction, and environmental goods and services;

3) All firms within NW Bicester, and elsewhere in Bicester, will be encouraged and supported to adopt sustainable business practices.

The masterplan supports the creation of at least one job per home, 4,600 of which are planned to be on the site, the rest within a sustainable travel distance. The employment proposals have been designed to complement provision elsewhere in Bicester, not compete with it. An Eco Business Centre will provide flexible accommodation and supporting facilities and services for firms and homeworkers, targeting those in sustainable construction, and environmental goods and services.

The target mix of jobs on the site will also include high performance engineering, other knowledge intensive activities, logistics, and business financial and professional services. The masterplan includes accommodation for a variety of firms on a business park in the SW corner of the site, which can accommodate up to 2,000 jobs and will be designed to be in keeping with the wider eco town principles. This site was chosen as the most accessible location and design parameters will ensure fits well with surrounding uses.

In addition, 140 jobs will be created in constructing the eco town, 1,400 local service jobs will be located in three community and business hubs distributed across the site, including offices, retail, health centre and schools. 1,100 jobs will be based in homes on the development, facilitated by careful design of homes and by universal access to a superfast broadband network.

Some jobs, serving the future residents, are better located off-site – particularly in the town centre, and on other employment sites.

A wide range of measures will be taken to support job creation and growth. In addition to physical provision of business space, a partnership with local public and private sector training providers will ensure the provision of apprenticeships and other training courses, to enable existing and new local residents to develop the skills needed by local employers. The NW Bicester brand will be used to support the promotion of Bicester as a business destination, and links will be created with local universities, for example through the 'Living Lab', which will support research and innovation into sustainable buildings and communities, using NW Bicester as a demonstrator.

5.4 Access and Movement

The aspiration of the NW Bicester Masterplan is to encourage non-car use with alternative means of sustainable transport but to ensure that the highways and access arrangements are fit for purpose and provide connectivity to existing routes.

The green travel plan will build on the existing infrastructure of Bicester and its public transport, cycle route network, public bridleways and footpaths and pavements giving priority to options such as walking, cycling, public transport and other sustainable options, thereby reducing residents' reliance on private cars.

1) Strategic Access

(1) Ensure future access and connectivity works with the surrounding area and the new proposed development;

(2) Ensure there are good connections within the development between all facilities;

(3) Ensure the development is well connected to the rest of Bicester;

(4) Enable a frequent and high-quality bus service to be provided;

(5) Give priority to strong walking, cycling and bus connections;

(6) Minimise traffic going through existing communities.

Traditional Movement Hierarchy

CAR

- Car takes priority
- Straight direct route
- Designed for speed
- Fast and convenient

BUS

- Often compromised bus routes
- Slow and inconvenient
- Bus stops in illegible locations

CYCLE

- Cycle routes are rarely linked together
- Not direct of legible
- Poor integration with pedestrians
- Unsafe

WALK

- Not always direct
- Crossings often illegible
- Crossings are not direct
- Unsafe routes
- Pavements littered with ill planned street furniture

Thinking about tomorrow-NW Bicester movement hierarchy

CAR

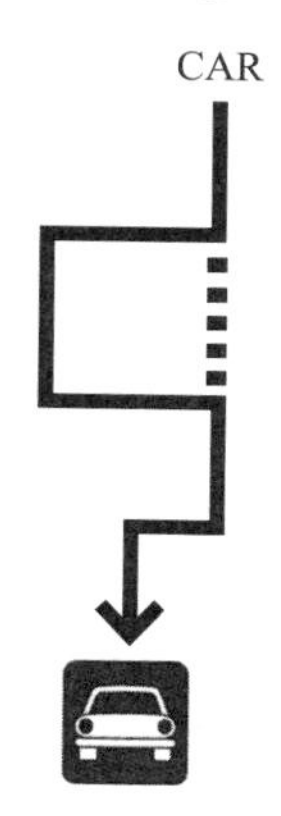

- Car least priority
- Longer routes
- Designed for people
- Inconvenient to encourage bus, cycle and walking

BUS

- Direct and legible
- Fast and convenient
- Bus stops in legible locations
- Bus only lanes
- Real time bus times in every home

COMMUTER

- Direct and legible commuter cycle green lanes
- Lit and safe
- Clear routes off road
- Routes on road too
- Complete network between landmarks

LEISURE

- Leisure cycle loops
- Legible and safe
- Integrating activity and countryside
- Weekend routes for children
- Natural and unlit
- Health benefits

WALK

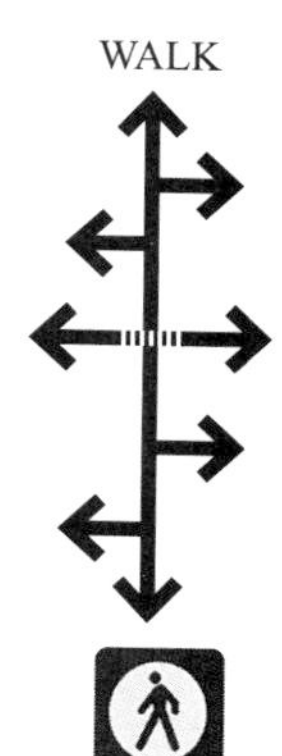

- Clear and direct
- Legible crossings
- Safe, lit routes
- Carefully planned pavements with integrated services
- Connectivity with existing Bicester

2) Bus Network

Bus routes will be designed to take residents in the most direct route possible to key destinations in Bicester including local centres, employment sites, and public transport interchanges. A bus service to be provided with frequent, direct links to the town centre, schools and local facilities will be designed to encourage bus travel over car use. Every home will benefit from real-time bus information in each house.

3) Walking and Cycling

Walking and cycling routes will be of a high quality with all-weather surfacing, well-lit and easily maintained. The layout of home and routes will ensure natural surveillance to increase user safety. Where possible pedestrians and cyclists will be segregated to minimise potential conflicts, with walking and cycling routes segregated from vehicular routes. Safety of pedestrians and cyclists will be ensured by providing routes of adequate widths and with numerous crossing points.

To ensure cycle and walking routes are well used and fit for purpose, they will be split into two distinct categories. 'Direct routes' will act as commuting routes to allow direct and fast access to key local employment areas, schools, local centres and hubs. This allows for the provision of cyclists and walkers travelling to school and to work. As a contrast, a network of 'leisure routes' will be introduced, which allow more 'weekend' routes, longer meandering paths, these will tend to be more rural and will take in the arable farmland, the bure stream and the hedgerows.

In order to achieve the amount of trips by walking and cycling desired, the Masterplan has been developed to ensure a high level of accessibility within the site on foot and cycle and strong connections to off-site destinations. A Walking and Cycling Strategy has been formulated with regard to local and national policy.

4) Sustainable Travel

Homes will be located within 400m walk of frequent public transport and within 800m of primary schools and neighbourhood services. In addition a zero carbon lifestyle will be facilitated by the introduction of a network of car charging points for electric vehicles, car clubs and car sharing schemes.

A comprehensive range of measures will be developed as part of each phase of the Masterplan to promote sustainable travel and vehicle choices. These will include:

(1) Overarching initiatives

①A travel plan co-ordinator for the Masterplan responsible for co-ordinating sustainable travel initiatives across the development;

②Branding and communication of sustainable travel options through in home information systems, website, news, letters;

③Promoting travel awareness campaigns such as 'Walk to School Week';

④Providing personalised travel planning to all new households and employees

(2) Promoting cycling

Recognising the potential to increase cycling journeys, a range of initiatives are proposed:

①Quality cycle storage at the homes and cycle parking facilities in the local centres and employment areas;

②Cycle incentive initiatives for new residents;

③Promotion of electric bikes through link up with local bike shop offering supply and maintenance;

④Adult/ family cycle proficiency training;

⑤A programme of events such as Bicester Bike and family fun day to promote and encourage cycling in a safe and fun way, including bike rides;

⑥Best practice in cycle promotion through cycle to work schemes, cycle to school schemes, bikeability programme, taking advantage of all the best practice learnt by Sustrans and the Cycling Demo Towns

(3) School travel

①School travel represents a significant opportunity to achieve travel by sustainable modes and School Travel Plans will be implemented with specific measures such as:

②Walking buses;

③Child-friendly route marking of safe routes to school;

④Cycle proficiency/ road safety training provided to all pupils;

⑤Provision of covered cycle and scooter storage and storage facilities for helmets/ reflective jackets etc.; Staff car share spaces and promotion of initiatives;

⑥Engagement with national/ OCC initiatives such as 'Walk to School Week'.

5.5 Energy, Water and Recycling

5.5.1 Energy

1) Policy requirements

The main national driver for stimulating the uptake of zero carbon energy is the recognition that climate change, which is exacerbated by the impact of man's activities on the globalatmosphere, is leading to rapid global warming.

The PPS 1 Eco-town supplement specifies that "over a year the net carbon dioxide emissions from all energy use within the buildings on the eco-town development as a whole are zero or below". The TCPA guidance for the development of energy efficient and zero carbon strategies for eco-towns, December 2009, encourage eco-towns to follow best practice to achieve zero carbon as Exemplar developments. The Exemplar eco-towns should be energy efficient, promote renewable energy and minimise energy consumption throughout the year.

The Code for Sustainable Homes (CSH) was introduced in April 2007 as a voluntary measure to provide a comprehensive assessment of the sustainability of a new home and to replace the Eco-Homes methodology. New housing developments are recommended to achieve CSH Level 4 from 2013 (25% carbon improvement on current Building Regulations) and 'Zero carbon' from 2016). The Code Level relates to compliance with mandatory minimum standards for waste, material, and surface water run-off as well as energy and potable water consumption. BREEAM have chosen to adopt CSH level 5 as a minimum for all new homes, setting a sustainable benchmark for the future.

In order for NW Bicester homes to achieve CSH Level 5 and the PPS1 Eco town supplement zero carbon standards, it is key for energy reduction and renewables to play a pivotal role. The adoption of a combination of energy efficiency and low and zero carbon technologies will form the basis for achieving this zero carbon target and provide operational flexibility and sustainability.

The Sustainability Strategy which has been developed for NW Bicester sets out three key energy related objectives, within which are a series of targets and key performance indicators. The three key energy objectives are:

(1) Ensure energy efficiency

(2) Deliver zero carbon energy

(3) Maximise energy security

2) Energy Strategy

NW Bicester is unique in its aspiration to achieve true zero carbon through on-site measures. To achieve this target the NW Bicester energy strategy follows the energy hierarchy principles of:

(1) Be Lean

(2) Be Clean

(3) Be Green

3) Be Lean - Reducing carbon emissions through building design strategy

A range of measures to reduce carbon emissions and increase resilience to climate change will be incorporated into building design and include features such as increased insulation, high performance glazing, improved air tightness, reduced thermal bridging, passive solar orientation and cooling, solar shading, use of natural daylight and natural ventilation.

These design features can be supplemented with adaption methods such as green and brown roofs, rainwater harvesting and water conservation.

Creating a strategy which includes all of the design inclusions above as well as relevant efficient technologies, such as 'A rated' appliances, energy efficient lighting, automatic controls and monitoring energy management systems is the key to promoting and sustaining a strategy for energy reductions and carbon emissions.

4) Be Clean and Green – Low and Zero Carbon Technologies

The strategy will be aimed at providing flexibility and robustness and therefore includes more than one technology and capitalises on existing and future fiscal incentives. In addition, the strategy will maintain flexibility to enable future technologies to be incorporated and/or use of appropriate allowable solutions to achieve the carbon reduction target.

The strategy for energy will include the provision of:

(1) Solar Photovoltaic – comprising the use of integrated PV, utilising roof space on buildings to generate renewable electricity. The provision of solar PV's could be installed on all residential properties, primary and secondary schools, retail and business units and community centres;

(2) District Heat System – a DHS which allows for future technologies and the potential for future off-site waste heat sources to be connected to the network;

Environmental Strategy

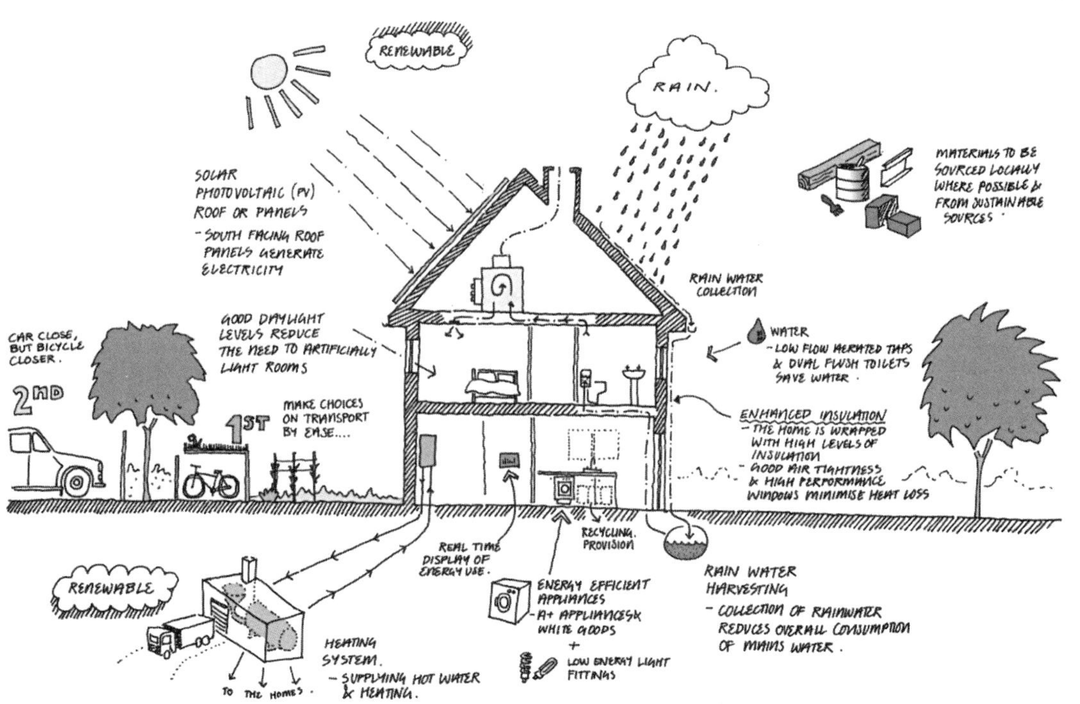

(3) Energy Centre – utilising efficient low carbon plant such as Biomass Boiler and/or Biomass CHP, Gas CHP together with supplementary plant and equipment to enable efficient and effective operation, including thermal stores and back-up boilers;

(4) Utilising energy generated locally reduces energy lost through transmission and distribution, and can often take advantage of more advanced generating technologies that combine to provide energy more efficiently. Local generation, or decentralised generation, is produced on a smaller scale nearer to the point of consumption and can offer a number of benefits.

5.5.2 Water

The vision for the emerging local planning policy framework is to achieve a sustainable balance between water supply and demand. Policies are being developed to make sure development addresses issues of water supply and sewage disposal, reduce the consumption of energy and water, minimize the risk of pollution, incoorporate facilities for reusing water and reducing flood risk.

Water also plays a key role in place making, by using existing natural water features on site and creating new ones to link and improve green spaces, green corridors, street and spaces; we can create a development and a place which is specific to its location.

1) Existing water

There are several surface water features within the existing site; these consist of the Bure stream, ponds and ditches. The Bure stream creates the setting for housing, amenity and recreation throughout the development. The existing ponds should ideally become a focus of the area and should be enhanced, providing the opportunity to promote nature as an educational resource; with their close proximity to primary and secondary schools to the north of the Boulevard. Existing ditches will become part of a network of SUDS features which manage surface water runoff.

2) Proposed Water Management

A strategic and sustainable approach has been set out for the management and use of water by all stakeholders throughout NW Bicester. The water infrastructure (potable supply, wastewater collection and wastewater treatment) required to support the housing and employment growth planned for the development and surrounding area has been identified, along with any constraints that may prevent this.

NW Bicester will minimize water demand through the incorporation of extensive water efficiency measures to reduce potable water use and the inclusion of rainwater harvesting and reuse systems will significantly reduce potable water use and move towards water neutrality.

3) SUDS

The widespread use of Sustainable Drainage Systems (SUDS) and water harvesting will provide sustainable storm water management and create a sustainable resource from rainfall, whilst ensuring that flood risk is reduced for areas downstream and benefitting the local area. NW Bicester will promote good water quality standards, enhancing the local environmental water quality where possible. SUDS will be used to remove any polluted runoff from diffuse sources, such as roads, providing effective natural treatment at source prior to discharge into watercourses.

The use of SUDS will also allow the creation of new wildlife corridors and spaces incorporating wetlands, ponds with a variety of flora and fauna, creating valuable open amenity areas whilst enhancing the local water environment. The SUDS system will comprise of chains of linked SUDS components which complement one another, such as; rain gardens, swales, permeable paving with storage, attenuation ponds and ditches.

Green and brown roofs offer ecological and environmental benefits. It may be possible to design these roofs for 40% or greater proportion of roof areas. The voids within the roof substrate can provide additional storage of rainfall runoff, making a significant contribution to the attenuation of surface water runoff and complimenting other ground level SUDS drainage facilities.

4) Attenuation and storage

Attenuation measures would be located both amongst the built up areas at source, and within the public open spaces adjacent to the development areas alongside roads and at strategic locations to ensure surface water is managed effectively. As such, building layout sand road geometry will also be minded to the natural topography to allow surface flow to be routed away from sensitive receptors. A variety of storage structures will be used, to provide attenuation storage, including ponds, basins and cellular storage.

5) Rainwater Harvesting

Water resources are becoming scarcer, and water reuse provides an opportunity to conserve water and minimise the demand on mains potable water. Rainwater could potentially be harvested across the site and make a significant contribution to the water supply system.

60% of the total household water use in the UK is typically used for flushing toilets, washing machines and watering gardens. Rainwater harvesting would be able to be used for these purposes and therefore be important part of reducing main potable water use and moving towards water neutrality for the site.

Larger facilities within NW Bicester, such as schools and offices, provide opportunities to harvest rainwater on a large scale for reuse within the buildings for toilet flushing. Rainwater harvesting may also be implemented for irrigation of the local landscaped areas at a strategic level.

6) Water Treatment

Two potential wastewater treatment (WwTW) options are currently being considered for the development:

(1) On-site WwTW – the provision of an on-site WwTW to serve the development, discharging to

the River Bure / Town Brook, allowing for some reclamation of resource should this become the preferred option for sourcing a non-potable supply; or

(2) Existing Town WwTW – transporting the new foul water flows from the development site to the existing Thames Water Bicester WwTW for treatment and discharge into the Langford Brook.

Discussions are still on-going with Thames Water and the Environment Agency with regard to these options; to ensure that whichever option is chosen will represent the best overall sustainable long term solution.

5.6 Design

The masterplan sets out the spatial framework design of buildings. Spaces and landscape will be subject of further consideration at later stages of the planning process.

Key principles will be:

1) Provide buildings of architectural quality through to detail

2) Create a variety of social and educational cultural places

3) Create a vibrant mixed use place for people to live, work, use and enjoy

4) Create public open space for people of all ages to interact

5) Create safe streets that encourage walking

Conclusion

As Sir Terry Farrell said, NW Bicester and Eco Bicester will be a pioneering example for many other communities to follow.

The NW Bicester masterplan creates a new landscape led community that integrates green and blue infrastructure with the existing historic town and communities. This result in creating a 'complete place' and a continuous human landscape which not only provides new green spaces, parks, allotments, sports facilities, a nature reserve, a country park and a riverside landscape for the new community but more importantly increases, the provision of and access to, green spaces, amenity facilities and the countryside; for existing residents of Bicester.

The masterplan has been prepared having regard to requirements of the PPS1 supplement 'Eco Towns', adopted and emerging local planning policy and related documents and the masterplan brief.

The first phase of NW Bicester (knows as the Examplar) will be a showcase of eco-development, providing homes, jobs, a community and a greener environment for Bicester residents. The Exemplar will show how sustainable neighbourhoods make green living easy and benefit the whole community.

附录3

专有名词对照表

编号	英文	英文缩写	中文译名
1	Department for Comminities and Local Goverment	DCLG	社区与地方政府部
2	Planning Policy Statement: Eco-town-A Supplement to Planning Policy Statement 1		《规划政策声明：生态城镇——规划政策声明1的补充说明》
3	Ecological Footprint		生态足迹
4	Home Energy Conservation Act		《家庭节能法》
5	Forest Stewardship Vouncil	FSC	森林管理委员会
6	A Mix of Type and Tenure Options		混合类型与使用权选择
7	Insulation Derived from Organic Sources		有机资源的绝缘材料
8	Slate or Wood Shingle Roofs		石灰混凝土、石板瓦或木屋顶
9	Building for Life		宜居建筑
10	Silver Standard		银级标准
11	Code Level 4	CL4	第四等级
12	Lifetime Homes Standards		终生住宅标准
13	Space Standards		空间标准
14	Affordable Housing		保障性住房
15	Space Heating		空间加热
16	Fixed Lighting		固定照明
17	Gold Standard		金级标准
18	Green Belt Act		《绿带法》
19	The United Kingdom Biodiversity Action Plan		《英国生物多样性行动计划》
20	Garden City		田园城市
21		CIC	社区利润公司
22	European Sites		欧洲区域
23	Habitats Directive		《栖息地指令》
24	Natural England		自然英国机构
25	Low Carbon Transport: A Green Future		低碳交通：更加绿色的未来
26		ETI	英国能源技术研究所

续表

编号	英文	英文缩写	中文译名
27	Travel Plan Pyramid		旅行计划金字塔
28	Eco-town Progress Report		《生态城镇进程报告》
29	Travel Plan		《出行规划》
30	filtered Permeatability		过滤穿透性
31	Strategic Flood Risk Assessment	SFRA	战略洪水风险评估
32	Carbon Capture and Storage	CCS	碳捕捉和封存
33	Combined Heat and Power	CHP	热电联产
34	Government Standard Assessment Procedure		政府标准评估程序
35	Environment Preference Method	EPM	环境绩效方法
36	Sustainable Urban Drainage Systems	SUDs（SUDS）	可持续城镇（市）排水系统
37	Information Technology	IT	信息技术
38	Rio declaration		《里约宣言》
39	SMART Start and SMART Audit		“精明开端”与“智慧审计”
40	English Nature		英国自然保护组织
41	Sites of Special Scientific Interest	SSSI	科学考查点
42	Special Conservation Area	SPA	特别保护区
43	UK Biodiversity Action Plan	UKBAP	国家生物多样性行动计划
44	Energy Efficiency		能效
45	Density Per Hectare	DPH	每公顷密度
46	Environment Preference Method	EPM	环境绩效方法
47	Forest Stewardship Council	FSC	森林管理委员会
48	Trombe Walls		太阳能吸热墙
49	Sustainable Urban Drainage Systems	SUDS	可持续城市排水系统
50	Information Communication Technology	ICT	信息通信技术分
51	British Telecom	BT	英国电信
52	Very High Speed Digital Subscriber Line		超高速数字用户线路
53	Standard Assessment Procedure		标准评估程序

续表

编号	英文	英文缩写	中文译名
54	National Home Energy Rating		全国家庭能源评级
55	Building Research Establishment		英国建筑研究所（建筑研究院）
56	Building Research Establishment Environmental Assessment Method		英国建筑环境评估体系（绿色建筑评估体系）
57	NHS Environmental Assessment Tool		NHS环境影响评价工具
58	Department for Education and Employment		英国教育与就业部
59	Building Research Energy Conservation Support Unit		建筑研究能源保持支持单位

参考文献

［1］ A New Vision for RAF Coltishall［Z］.

［2］ A Vision for Middle Quinton Eco-town——Response to CLG's Living a Greener Future. Progress Report［Z］.

［3］ Ford Airfield Eco-town Final Submission［Z］.

［4］ 董兆林. 中国的"双百工程"与英国的"生态镇"计划［J］. 城市住宅，2008（11）.

［5］ 于立. 国际生态城镇发展：对中国生态城镇规划和发展的一些启示［J］. 中国低碳城市发展报告，2010.

［6］ 维基百科，http://en.wikipedia.org/wiki/Eco-towns.

［7］ Planning Policy Statement: Eco-towns-A supplement to Planning Policy Statement 1.Communities and Local Government Publications.

［8］ 李开然. 绿色基础设施：概念理论及实践［J］. 中国园林，2009（10）.

［9］ 谭筱川. 英国低碳经济发展及其效果分析［D］. 吉林:吉林大学，2011.

［10］ 英国下议院能源与气候变化委员会. 绿色经济中的低碳技术2009-2010年度会议的第四次报告）［Z］.

［11］ 英国：调整产业结构 推动产业转型［N］经济日报. http://finance.sina.com.cn/roll/20110328/08469601847.shtml.

［12］ 左晓芳. 英国的劳动就业、社会保险和社会福利政策［J］. 湖南大学学报，1996，10（1）：36-41.

［13］ 英国：就业立法和社会福利改革 实施就业专项计划［EB］http://www.hn12333.com/ldbzdt/2012/2012_gj/201205/t20120523_474999.html.

［14］ Prescott's £60,000 house challenge: first successful bidders announced［EB］http://www.englishpartnerships.co.uk,03/11/2005.

［15］ 刘念雄. 英国低造价、适应性、低碳排放住宅建设计划［J］. 建筑学报，2009，8：40-43.

［16］ 张通. 英国政府推行节能减排的主要特点及其对我国的启示［J］. 经济研究参考，2008，7：2-8.

[17] http://money.163.com/08/1013/17/4O5BT8IS00251M00.html.

[18] 唐黎标．英国住房保障制度的启示［J］．中国房地产金融，200:（7）：46-48.

[19] 仇保兴．创建低碳社会提升国家竞争力——英国减排温室气体的经验与启示［J］．城市发展研究，2008，2：1-8.

[20] 林文诗．英国绿色建筑政策法规及评价体系［J］．建设科技，2011（6）：59.

[21] Williams, K. & Lindsay, M. The extent and nature of sustainable building in England: an analysis of progress [J]. Planning Theory &Practice, 2007(1): 31-49.

[22] 廖含文，康健．英国绿色建筑发展研究［J］．城市建筑，2008：9-12.

[23] 兰昆，李启铭．英国绿色建筑发展研究［J］．西安建筑科技大学学报，2012，31（3）：29-33.

[24] 沈群慧．英国历史建筑及古城保护的成功经验与启示［J］．上海城市规划，1999，4：33-36.

[25] 英国多项举措推进旧房节能改造［EB］http://news.cntv.cn/20110525/103454.shtml.

[26] 王蔚，王胜霞，陈春红．中国传统园林与英国自然风景园——不同哲学背景下的自然美［J］．中国园林，2006，（6）：92-94.

[27] 熊媛．中英自然式园林艺术之比较研究［D］．北京：北京林业大学，2006.

[28] 陈长祥．去工业化的英国城乡规划［J］．江苏城市规划，2012，（6）：43-45.

[29] 艾伦·巴伯，谢军芳，薛晓飞，赵彩君．绿色基础设施:管理的挑战［J］．中国园林，2009，（9）：36-40.

[30] 韩红霞，高峻，刘广亮，杨冬青．英国大伦敦城市发展的环境保护战略［J］．国外城市规划，2004，（2）：60-64.

[31] 方仁．英国的生物多样性行动计划简介［J］．全球科技经济瞭望，1994，（7）：4-5.

[32] 金磊．英国的城市公园与绿地［N］．中国建设报，2002-06-28.

[33] 王冰，王国华．伦敦的“交通收费”及其福利经济学解释［J］．城市问题，2006（2）：13-16.

[34] 王兵兵．赴英国德国考察报告［J］．道路交通与安全，2005（3）：21-24.

[35] 任洁．谈英国伦敦城市交通规划［J］．山西建筑，2011，37（32）：9-10.

[36] 宿凤鸣．浅析英国城市公共交通发展沿革［J］．综合运输，2011（11）：71-75.

[37] 万俊．英国城市交通体系的思考与借鉴［J］．江苏城市规划，2011（12）：22-24.

[38] 吴建平，蒋冰蕾．英国智能交通发展现状与趋势［C］．2007年智能交通年会论文集，2007：18-22.

[39] 杨雪英．更加绿色的未来——英国低碳交通发展思路［J］．交通建设与管理，2010（11）：78-79.

[40] 马煜婷．英国交通的低碳化之路［J］．国际观察，2010：30-31.

[41] 陈长祥．去工业化的英国城乡规划［J］．规划研究，2012（6）：43-45.

[42] Transport for London，Central London congestion charging impacts monitoring [R]. Fourth Annual Report，June 2006.

[43] 胡德胜. 英国的水资源法和生态环境用水保护 [J]. 中国水利，2010，(5)：51–54.

[44] 施迪光. 水资源规划中的地下水国际讨论会 [J]. 水文地质工程地质，1984，(2)：62.

[45] 许经纶. 英国的饮用水水质标准及深度处理工艺 [J]. 上海水务，2004，(2)：39–41.

[46] 许涛. 城市水系规划的环境学途径研究及应用 [D]：天津大学，2010.

[47] 唐伦. 英国水务管理的做法和经验 [J]. 四川环境，1986，(4)：19–25.

[48] 谭新华. 英国地下水资源的保护及对我国的启示 [J]. 科教文汇（下旬刊），2008，(7)：193+252.

[49] 韩红霞，高峻，刘广亮，等. 英国大伦敦城市发展的环境保护战略 [J]. 国外城市规划，2004，19（2）：60–64.

[50] Mananging climate risks and increasing resilience. http://www.london.gov.uk/priorities/environment/vision–styategy.

[51] 高宏博. 低碳城市建设的研究——以保定市为例 [D]. 河北农业大学. 2012.

[52] 刘志林，戴亦欣，董长贵，等. 低碳城市理念与国际经验 [J]. 城市发展研究，2009，16（6）：1–7.

[53] 单宝. 欧洲、美国、日本推进低碳经济的新动向及其启示 [J]. 国际经贸探索，2011.

[54] Taking bold steps to realise the vision of a greener London. http://www.london.gov.uk/priorities/environment/vision–styategy.

[55] Reducing，reusing and recycling London's waste. http://www.london.gov.uk/priorities/environment/vision–styategy.

[56] [美] 彼得·卡尔索普. 未来美国大都市:生态，社区，美国梦 [M]. 北京:中国建筑工业出版社. 郭亮译.

[57] 沈孝辉. 城市规划建设和管理的全新理念 [J]. 海外见闻，36–41.

[58] 侯爱敏，等. 国外生态城市建设成功经验 [J]. 城市发展研究，2006（3）：1–5.

[59] 鞠美庭. 国外生态城市建设经典案例 [J]. 今日国土，2010（10）：37–39.

[60] 张庆彩，计秋枫. 国外生态城市建设的历程、特色和经验 [J]. 未来与发展，2008（8）：80–84.

[61] 唐燕，杨宇. 案例集萃，"生态城市"的规划与建设举措 [J]. 国际城市规划，2007（02）：118–123.

[62] 王召森，孔彦鸿. 生态城市总体规划编制概要初探 [J]. 江苏城市规划，2009（7）：11–13.

后 记

本著开端于2006年我与中国城市规划研究院杨保军院长合作申请并获得国家自然科学基金项目“中国城市宜居性理论与实践”之时，当时一位评审专家在评审意见中充分肯定计划之后建议“不仅应用景观生态学方法，还应系统探索生态城市研究理论方法”。故，从那时起我们就开始认真探索生态城市理论方法，并在该项科研主要成果著作中以“生态城市规划方法”章节反映了我们对生态城市研究的初步成果。全面深入的生态城市研究缘于杨保军院长负责“中新天津生态城市规划”时期，我被邀请参与了该项开拓性规划工作的内部讨论，使我们合作的宜居城市研究发展到以生态城市理论方法为核心的新阶段，合作研究的新目标与任务确定为：尽快结合中新生态城规划与建设启动，开展国际生态城市前沿理论方法研究。

在彼得·霍尔爵士的引荐下，我于2008年底赴英国伦敦大学巴特雷特建筑与规划学院做访问学者，从田园城市的考察开始，较系统推进了生态城市理论方法探索。2009年初，在彼得·霍尔爵士主持的学术报告会上，我结识了正在参加英国生态城镇规划的规划师王冰冰，不久参观了其当时就职的巴顿·威尔莫公司，对英国生态城镇规划工作及他们正承担的生态城市规划实践有了了解，并与公司负责人达成合作意向，开启了合作开展“英国生态城镇规划”研究的新一页。

2009年10月我带着相关英国生态城镇规划研究资料回国，与杨保军先生等合作者全面开展英国生态城规划研究引介工作。在2012年9月天津滨海生态城国际会议期间，我们与前来参加会议的巴顿·威尔莫公司负责人尼克·斯威特（Nick Sweet）先生及其公司中方事务代表人赵文杰女士进行了合作研究的版权等法律事项交流，并正式签署合作协议。

经过艰苦的共同努力，至2013年底书稿初步完成，但不久我们也发现英国生态城镇规划实践有了较大的新发展，尤其是出现了西北比斯特——英国第一生态城镇范例这样的旗舰项目，我们认为如果不将西北比斯特生态城镇规划实践纳入我们的研究中，就不能展示英国生态城镇的最新进展，于是我们与西北比斯特规划负责机构取得联系并获得授权——同意将其规划成果纳入我们的研究，其技术负责人特里·法雷尔爵士为我们提供了有力支持，于是，我们进一步开展了新研究，系统工作持续了两年多，也促使我们的研究到达了新的高度。

本书作者均发挥各自优势与特长，为该合作成果完成做出了贡献。具体分工为：董晓峰、杨保军完成绪论、第1章及全书统筹与审定工作。尼克、赵文杰负责科提肖生态城总规文本精编部分编译与合作法律文件制定鉴定工作。王冰冰完成英国第一生态城镇规划文本精编与全书校审。高琪阳、刘星光完成第2章。董晓峰、刘星光、王冰冰完成第3章。

经过我们多方合作努力，《英国生态城镇规划研究》编译成果终于要面世了，我们感到十分欣慰。

本书的研究与出版得到了国家自然科学基金“生态城市空间结构研究”项目资助，首先对国家自然科学基金委委员会的支持表示感谢。

本书在写作的过程中，得到了来自各方面的关心、支持和帮助，在此表示衷心感谢！

感谢英国彼得·霍尔爵士，特里·法雷尔爵士，UCL曼斯尤教授。

感谢李吉均院士、陆大道院士、陈发虎院士、仇保兴博士、毛其智教授、欧阳志云研究员、董锁成研究员、李迅副院长、夏海山院长、张廷军院长、杨春志副主编、何春阳教授、陈明研究员、陈明星副研究员等专家给本书提出了宝贵意见和建议。

兰州大学苗正明老师是我十分尊敬的高水平英语翻译专家，他在百忙之中对本书翻译内容做了校审工作，十分感谢苗老师的支持！

感谢中国城市科学研究会生态城市专业委员会专家委员，特别是吕斌教授、沈清基教授、叶青院长、周兰兰秘书长的支持。

感谢中国地理学会张国友副理事长、城市地理学专业委员会周春山主任、柴彦威主任及各位副主任与诸委员同事对我们研究工作的积极支持！

博士研究生李胭胭、王碧玥，硕士研究生杨秀珺、刘申、付文娟、刘颜欣、陈春宇、余秋莉、郑毅、张启、荆晓梦、侯波等协助完成了资料整理、文稿校对与插图完善等工作，在此一并表示感谢。

本书在编辑出版过程中，黄翊、张明编辑提出了许多具体的修改意见，付出了辛勤的劳动，使本书更加完善，对此我们表达真诚的谢意。

本书的编写与出版很不容易，涉及大量国际交流合作，内容丰富，但不足之处也在所难免，敬请有关专家学者和广大读者提出宝贵意见。期望本书的出版可以为我国生态城市规划的发展提供新的启发，恳请各位专家学者同行和朋友不吝批评指正。

在英国学术访问参观期间我发现“原来城市可以如此美好”！在该书的研究编写过程中，我对城市有了全新的认识“其实城市可以更加美好”！于是我心目中的理想城市有了新模式——“城市新概念”：

城市是画廊／从远古走来／城市是博物馆／展示从前与发现／城市是读书室／开在每个街

区／城市是大学／环境熏陶／公民持续学习成长

城市是公园／给居民游戏的空间／城市是森林／绿色处处／城市是河湖／清新湿润／城市我们的家园／生活的场地／工厂也似公园／工业不再冒烟／绿色生产线／也是旅游景点／在作业区外参观交流

城市是狂欢节／在商业街／在影剧院／在沙滩／在郊外／每个周末如期举办／城市诗意的栖息地

城市是关爱／在民生政府大厅／咨询服务中心／研究机构／平等家庭／社区爱心屋／你的迷茫／总有人发现和关心

董晓峰

2016年12月于北京